Studies on
Internationalization of
Chinese Standards

标准化与治理丛书　总主编　侯俊军

中国标准
国际化研究

蒙永业　著

湖南大学出版社·长沙

内 容 简 介

　　本书是关于中国标准国际化研究的博士论文,从标准编制国际化、标准文本国际化、标准使用国际化和标准活动国际化四个维度构建"标准国际化指数",以大规模标准语料为数据,通过大数据工具进行实证分析,测算中国标准国际化程度,研究中国标准国际化对进出品贸易的影响。

图书在版编目（CIP）数据

中国标准国际化研究 / 蒙永业著.—长沙：湖南大学出版社，2020.12
（标准化与治理丛书 / 侯俊军主编）
ISBN 978-7-5667-2041-2

Ⅰ.①中...　Ⅱ.①蒙...　Ⅲ.①国家标准—国际化—研究—中国　Ⅳ.① G307

中国版本图书馆CIP数据核字（2020）第183580号

中国标准国际化研究
ZHONGGUO BIAOZHUN GUOJIHUA YANJIU

著　　　者：蒙永业
责任编辑：严小涛　　　　　　　　责任校对：尚楠欣
印　　装：长沙鸿和印务有限公司
开　　本：710 mm×1000 mm　1/16　　印　张：10.5　　　　字　数：173千
版　　次：2020年12月第1版　　　　印　次：2020年12月第1次印刷
书　　号：ISBN 978-7-5667-2041-2
定　　价：50.00元

出 版 人：李文邦
出版发行：湖南大学出版社
社　　址：湖南·长沙·岳麓山　　　邮　编：410082
电　　话：0731-88822559（营销部） 88823547（编辑室） 88821006（出版部）
传　　真：0731-88822264（总编室）
网　　址：http://www.hnupress.com
电子邮箱：781089448@qq.com

序 一

党的十八大以来，习近平总书记不断强调，要坚定不移深化改革开放，大力推进国家治理体系和治理能力现代化建设。作为国家治理一个重要的手段和工具，标准以及标准化在经济社会发展和国家治理中不可替代的作用也越来越被社会各界广泛认识。在 2016 年 9 月 12 日召开的第 39 届国际标准化组织（ISO）大会和 2019 年 10 月 14 日召开的第 83 届国际电工委员会大会上，习近平主席都发出贺信，指出"伴随着经济全球化深入发展，标准化在便利经贸往来、支撑产业发展、促进科技进步、规范社会治理中的作用日益凸显"，"中国将继续积极支持和参与国际标准化活动，愿同各国一道，不断完善国际标准体系和治理结构，更好发挥标准在国际贸易和全球治理中的作用"。

标准化的作用，以及人们对其的认识，是随着社会的发展而不断深化的。从远古时代人类标准化思想的萌芽，到建立在手工生产基础上的古代标准化和以机器大工业为基础的近代标准化，再到以系统理论为指导的现代标准化，逐步清晰地呈现出建立最佳秩序、规范市场运转、推进社会发展的重要作用。更重要的是，人们也更加积极主动地制定标准、运用标准和推广标准，在一个国家内部和世界范围内，设立各种专门机构来有组织、有计划地开展标准化实践工作。在这同时，标准化理论体系也得到了迅速的发展。从标准化的形式与原理，到标准化与管理、经济、技术、生产和市场等的融合，乃至标准化学科建设的讨论，专家学者们都进行了非常深入、广泛的研究与讨论，并产生了极为丰富的成果。

然而，因数据整理、研究工具和思想认识等方面的约束，标准化理论的发展还满足不了标准化实践发展的需要，在标准化与治理领域尤其如此。标准化是否能够承担起国家治理和社会治理的功能？标准化在国家治理和社会治理中的具体运行机制是怎样的？标准化与其他的治理工具和手段之间又是一种怎样的关系？标准化在全球治理中能够扮演怎样的角色？诸多问题，既有抽象的理论问题，也有具体的操作问题，都有待深入研究。

基于在"标准化与治理"领域多年的研究和实践积累，在国家社会科学基金重大项目"中国标准治理与全球贸易规则重构研究"（17ZDA099）等科研项目和"标准化与治理"国际学术研讨会等学术平台的支持下，我们组织相关专家学者从各个角度来展开研究，并以丛书形式出版。我们不能奢望这套丛书为"标准化与治理"构建起完善的知识体系和理论体系，但我们必将此作为奋斗的目标和梦想，并努力朝着这个目标和梦想前进！

侯俊军

序 二

　　我的博士生蒙永业最近将博士论文整理出版，请我作序。看到他在标准国际化领域取得开创性成果，甚为欣慰，乐而接受，提笔为序。

　　蒙永业是国内语言服务行业中崭露头角的标准翻译专家，从事标准翻译 17 年，翻译标准超过 600 万字。他创立的北京悦尔公司已进入亚洲语言服务企业 Top30 之列。回想当初，他申请报考为我的博士研究生，我十分疑惑，他已经获得北京大学翻译硕士学位，所创办的翻译企业发展势头良好，为何还要继续读博? 交谈中，我发现，他喜欢读书，每天晨读，长年来从不间断。他想继续深造，学以致用，为自己树立更高的目标，追求更高的理想，用知识点亮人生。我被他强烈的求知欲望打动。后来，事实证明，他学的会计学专业和翻译专业的交叉背景，为商务英语复合型人才培养和跨学科研究培养注入新鲜血液。

　　他考入对外经济贸易大学攻读博士学位后，针对他的学术背景和企业发展愿景，我建议他选择"标准国际化"课题开展研究。他接受了我的意见，并围绕标准国际化阅读了大量文献和书籍，协助我成功申报了多项省部级科研课题。由于他学业和表现突出，被提名为对外经济贸易大学 2016 年"十大杰出研究生"。

　　蒙永业博士勤于思考，学习认真刻苦，学风扎实，学习能力强。"标准国际化"是一个全新领域，国内研究才刚刚起步，文献资料匮乏。他的博士论文开创性地提出了标准国际化的四维度评价模型，为我国标准国际化评估打下了坚实基础。他梳理 1977—2017 年中国标准国际化的发展历程，建设了大型中外标准英文版语料库，从标准编制、标准文本、标准使用和标准国际化活动四个方面，评估中国标准国际化程度，采用计量模型测量标准国际化程度对我国外贸进出口的影响，是迄今为止，较系统全面研究标准国际化的成果。

蒙永业读博期间笔耕不辍，发表学术论文十多篇，并将理论联系实际，勤于实践。先后担任 ISO（国际标准化组织）翻译标准工作组专家，代表国家参与 ISO 翻译标准起草工作；参与《中国工程建设标准英文版翻译指南》修订工作；参与《中国标准走出去适用性技术研究》和服务于"一带一路"战略的工程建设标准化政策研究及中国工程建设标准国际合作现状研究等项目；参与撰写《中国企业"走出去"语言服务蓝皮书》《中国语言服务行业发展报告》等行业报告；主持草拟了《口笔译人员基本能力要求》《翻译服务 口译服务要求》《笔译服务认证要求》等行业标准，并推动中国笔译服务认证工作。他在语言服务标准化领域做出了突出贡献。我为他取得的成绩喝彩，也为他的成长和成才而感到由衷的高兴。

如今，他已毕业，开始了新的人生追求，我祝贺他，祝福他。是为序，以此纪念这段难忘的师生缘和师生情。

2019 年 9 月 29 日写于 70 周年国庆前夕

于北京语言大学高级翻译学院

自 序

窗外飘雪，我心潮澎湃。

论文杀青，我心如止水。

来北京已有 20 年，每年都能看到几次雪景，早已视为熟悉之物。既然熟悉至此，就无兴奋可言。四年来为了完成博士学业，已由满头黑发变成两鬓灰白，脑门光秃。来之如此不易，理应欢呼雀跃。

我却颠倒为之！这就是四年博士生活给予我的收获之一。对于越难得到的东西，越要抱着一颗平常心，心如止水，相信天道酬勤，凡事尽力而为，成事在天；对于随手可得的小确幸，要热情拥抱，快乐地享受每一天。

我在本硕博三级换了三个专业，从管理转到翻译，再从翻译转到商务英语研究。跨界让我多了一些不同的观察视角，更多则是迎接接踵而来的挑战。导师王立非教授在入学前与我深谈多次，了解我之前的学习与工作背景，为我指明"标准国际化"这一研究方向，带领我申请校级、市级、部级三个标准国际化研究项目。这是一个全新的研究领域，国内外鲜有研究，我能获得的文献有限，所撰写的相关小论文也不被投稿的期刊看好。看着同学们一篇接着一篇发表 C 刊论文，我却迎来一次又一次投稿石沉大海，只好一次又一次把写好的小论文发表在标准化普刊之上。曾国藩说："盖士人读书，第一要有志，第二要有识，第三要有恒。"我虽习之较晚，但自小学习至今，所沿用的方法与文正公之意暗合。我有志气学好，导师领我拓宽见识，此外就是持之以恒地学习，日积月累下着笨功夫。我把"业精于勤荒于嬉，行成于思毁于随"视为座右铭，保持一颗努力向上、乐观积极之心。

我将标准国际化研究视为伸手摘星，虽有可能徒劳无功，亦不至于满手污泥。我深知其中之难，早已做好不能毕业的打算。但进入师门，便不敢存半点侥幸之心。工作虽忙，但严格自律，早起晚睡读书，将各种科研任务一一保质保量按时完成。莫问收获，但为耕耘。我享受这个过程，当我内心的疑惑随着研究深入一点点得以解答时，新问题随之而至，但疑惑高度已升。读博四年，是我过了而立之年再次成长的四年。

博士论文写作一波三折，标准国际化这一全新研究领域缺乏各种统计数据，我需要一点点整理与挖掘，有时候连续几个星期都没有任何进展，曾多次因为数据缺失而修改研究范围与论文提纲，直至坚持到最后一刻。论文杀青之时，让我最幸福的，是漫天飘飘洒洒的雪花。这整个冬季孕育于天地之间的灵气落在手心，有点凉，一如论文写成，宠辱不惊。

感慨完我的感慨，我要拿出一份很长的致谢名单，在心中已经默念数遍。

首先感谢我的硕导王继辉老师、博导王立非老师。王继辉老师在我读硕期间对我严格要求，教我治学做人做事；在我硕士毕业后，把我推荐到博导王立非老师门下，并且长期参与我博士培养指导，成为我导师组之外的"第五导师"，并且担任我论文开题、预答辩专家组主席。王立非老师在国内率先开创了商务英语本科专业，长期从事商务英语研究，科研论文发表数量和质量在国内名列前茅。他为人低调务实，治学严谨踏实，视野高瞻远瞩，思维创新灵活。在他的启发教育下，我在语言服务、标准国际化研究领域均获得一定成绩。

其次感谢导师组三位副导师——陈香兰老师、史兴松老师、吴剑锋老师。三位老师渊博的知识在日常交往交流中传递给我，点点滴滴，潜移默化，为论文开题提供了诸多思路与方法。

我在标准国际化研究过程中，得到了众人的无私帮助。中国标准化研究院刘智洋研究员是我对标准国际化研究的领路人，提供各种研究素材；国家标准委国际合作部原副主任范春梅帮助我把握标准国际化研究脉搏，提供相关数据；国家标准委标准信息中心张宝林处长提供宝贵中英文标准语料；我拜读了湖南大学侯俊军教授撰写标准相关的所有论文，多次得到他热情接待与指导，并有幸请他作为我的预答辩专家；欧盟驻华标准化专家项目总监徐斌博士为论文提供宝贵意见。中国翻译协会秘书处罗慧芳处长是我进行语言服务标准化研究的长期合作伙伴，我们共享数据与观点，一起进行行业调研与报告撰写，一起编写口笔译行业标准；ISO/TC 37 秘书长周长青老师指导我成为国际标准起草专家，代表国家去起草 ISO 笔译标准，掌握标准活动国际化的第一手资料；SAC/TC 62 秘书长王海涛博士与我分享国内标准起草流程与应用效果。

在论文写作过程中，如下专家参与德尔菲专家访谈，为标准国际化指标体系与权重提供了宝贵意见：对外经济贸易大学王立非教授、北京大学王继辉教授、北京师范大学王广州教授、北京语言大学刘和平教授、湖南大学侯俊军教授、中国计量大学宋明顺教授、中国标准化研究院刘智洋研究员、中国国家标准化研究院刘春青研究员、中国标准化研究院王平研究员、ISO/TC 37 秘书处周长青秘书长、SAC/TC 62 秘书处王海涛秘书长、中国国家标准化管理委员会国际合作部范春梅副主任、欧洲标准化驻华项目总监徐斌博士、ASTM 中国代表处首席代表刘斐先生、中国翻译协会秘书处处长罗慧芳博士。

在论文写作过程中，同门师姑江进林博导、师姐李琳博士、张斐瑞博士、葛海玲博士给予多方面指导与鼓励；博士研究生同学文道荣、部寒、金钰珏、吴萍与我一起听课、学习与研究，经常切磋技艺，交流心得；师妹崔璨不辞辛苦，每次答辩均担任秘书职务，细心认真负责。河北民族师范学院王校羽老师、天津大学崔莹老师、安徽理工大学邵珊珊老师等人均为本文撰写提供宝贵意见。

在论文开题答辩环节，我有幸得到王继辉教授、郭英剑教授、吴剑锋教授、史兴松教授、陈香兰教授、刘智洋研究员的深入指导；在论文预答辩环节，我有幸得到王继辉教授、侯俊军教授、史兴松教授、陈香兰教授、江进林博导、刘智洋研究员的深入指导；在论文答辩环节，我有幸得到郭英剑教授、李佐文教授、史兴松教授、高彬教授、杨颖莉教授的深入指导。我在此深表谢意！

最后，感谢我的家人对我读博的理解与支持！幸福和睦的家庭氛围，让我保持乐观积极的心态去迎接论文写作过程中的一个又一个难题。

窗外依然飘雪，愿天上的雪花，为每一位关心我、帮助我的师长好友送去我诚挚的谢意！

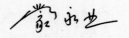

目　次

1 | 引 言

1.1 研究背景

1.1.1 经济背景：对外开放 40 年经济发展需要标准国际化

1978 年改革开放之初，中国 GDP 为 3 679 亿元，占世界经济总量的 1.8%；2017 年，中国名义 GDP 为 82.71 万亿元，占世界经济总量的 16%，位居世界第二。据世界贸易组织 2017 全球贸易报告统计，中国出口贸易额占全球的 12.8%，继续保持世界第一，而中国进口贸易额世界第二，仅次于美国。据商务部、国家统计局、国家外汇管理局联合发布的《2017 年度中国对外直接投资统计公报》统计，截至 2017 年底，中国对外直接投资存量为 1.8 万亿美元，占全球的 5.9%，仅次于美国。自 2016 年 10 月 1 日起，人民币正式纳入国际货币基金组织特别提款权货币篮子，获得国际主要货币地位。中国在世界舞台上发挥越来越重要的作用，与之相对应，中国标准国际化也在不断发展之中。

改革开放 40 年来，中国对"标准国际化"有一个逐步认识与拓展的过程。二十世纪八九十年代将"标准国际化"认定为让中国标准与国际接轨。二十一世纪前面十多年扩展到参加国际标准化活动、制定国际标准，扩大中国在国际标准的话语权与影响力。2013 年至今，中国对"标准国际化"的理解拓展到让中国标准走向全球，为中国企业国际化服务。

标准化是中国经济从高速度发展向高质量发展的重要技术基础，中国标准国际化是中国深度融入经济全球化，提升中国企业国际化发展质量与规模的关键因素之一。在这一背景下，研究中国标准国际化程度，探索中国标准国际化对进出口贸易的积极影响，具有重要意义。

1.1.2 行业背景:"一带一路"产能合作需要标准国际化

"一带一路"建设以来,中国在"一带一路"沿线国家直接投资和双边贸易均取得丰硕成果。据商务部数据统计,2017 年,中国与"一带一路"国家进出口总额为人民币 74 000 亿元,增长 17.8%,比全国进出口总额增速高出 3.6 个百分点,其中出口总额为 43 000 亿元,增长 12.1%,进口总额 31 000 亿元,增长 26.8%。2017 年,中国在"一带一路"国家直接投资 144 亿美元,新签承包工程合同 1 443 亿美元,比 2016 年增长 14.5%。截至 2017 年底,中国企业对"一带一路"国家文化投资总额约 150 亿美元。

据国家标准化管理委员会网站统计,截止到 2017 年 12 月底,中国已与 21 个"一带一路"沿线国家签署了标准化合作协议,与英国互认 62 项标准,推动中法互认 11 项标准;与欧盟、东盟、中亚、蒙俄等沿线重点地区建立多双边标准化合作渠道;开展中法铁路、中英石墨烯、中俄油气和民用飞机等标准化合作;在铁路领域,与法国联合制定 3 项国际标准;在电动汽车领域,与德国成立标准化工作组;在直流充电领域,推动中国 3 项技术申报国际标准。

"一带一路"沿线国家以发展中国家为主要力量,许多国家甚至尚未建立其本国标准化体系,或标准化力量相对薄弱。在这些尚未建成标准化体系的国家中,可能流行欧美标准,对采用中国标准存在一定阻力,给中国标准国际化提出了种种挑战,但也给中国标准走出去提供了机遇。在关税壁垒效应越来越有限的今天,以标准为主要手段的技术性贸易壁垒效应越来越凸显。中国经济要走出去,要实现"一带一路"共商、共建、共享、共赢,中国标准将成为联通"一带一路"的重要举措,是"一带一路"建设的基础设施工程。落实"一带一路"倡议于中国的重要程度便是中国标准国际化的重要程度。

中国标准在"一带一路"国家推广使用的道路虽难,但与 40 年前中国经济一穷二白举步维艰相比,已经具备诸多有利条件。要实现"一带一路"产能合作,此时研究中国标准国际化程度,发现问题与不足,提前做好充分准备,恰逢其时。

1.1.3 政策背景:政府大力加强标准化建设要求标准国际化

中国共产党和国家领导人高度重视开展标准化工作。习近平总书记在多个场合上均对标准化工作给予指示,他强调,加强标准化工作,实施标准化战略，是一项重要和紧迫的任务，对经济社会发展具有长远的意义[1]。他指出，标准决定质量，有什么样的标准就有什么样的质量，只有高标准才有高质量[2]。他谈到，谁制定标准，谁就拥有话语权；谁掌握标准，谁就占据制高点。[3]他在给第 39 届 ISO 大会的贺信中提到，标准已成为世界"通用语言"[4]。李克强总理提出要努力使中国标准在国际上立得住、有权威、有信誉，为中国制造走出去提供"通行证"。[5]

2015 年 2 月 11 日，国务院常务会议审议通过《深化标准化工作改革方案》，[6]提出要"提高标准国际化水平"。其具体形式包括：鼓励各方积极参与国际标准化活动，争取承担更多国际标准组织技术机构领导职务；加大国际标准跟踪、评估和转化力度，加强中国标准外文版翻译出版工作；推动主要贸易国标准互认，推进优势、特色领域标准国际化；推广中国标准，以中国标准"走出去"带动中国产品、技术、装备、服务"走出去"；进一步放宽外资企业参与中国标准的制定等。2015 年 8 月 30 日，国务院办公厅发布《贯彻实施〈深化标准化工作改革方案〉行动计划（2015—2016 年）》，[7]提出研究制定中国标准"走出去"工作方案，推动铁路、电力、钢铁、航天等重点领域标准"走出去"。

2015 年 10 月，国务院正式发布《标准联通"一带一路"行动计划（2015—2017）》，[8]提出以标准化促进投资与贸易便利化，并推动中国标准"走出去"。

2017 年 12 月，国务院发布《标准联通共建"一带一路"行动计划（2018—2020 年）》，[9]聚焦重点领域、重点国家、重要平台和重要基础，提出了 9 项专项行动，涉及国家间标准互换互认行动、中国标准国际影响力提升行动、重

1 人民网：习近平标准化思想与浙江实践，http://theory.people.com.cn/n/2015/0925/c40531-2763 4514.html。

2 人民网：习近平调研指导兰考县群众路线教育实践活动，http://paper.people.com.cn/rmrbhwb/html/2014-03/19/content_1403932.htm。

3 人民网：开创我国标准化事业新局面，http://opinion.people.com.cn/n1/2016/0906/c1003-28693193.html。

4 新华网：习近平致第 39 届国际标准化组织大会的贺信，http://www.xinhuanet.com/politics/2016-09/12/c_1119554153.htm。

5 人民网：推进标准化工作改革促经济提质增效升级，http://finance.people.com.cn/n/2015/0211/c1004-265 49901.html。

6 国家标准化管理委员会：http://www.sac.gov.cn/sbgs/syxw/201503/t20150326_185667.htm。

7 国家标准化管理委员会：http://www.sac.gov.cn/sbgs/syxw/201509/t20150910_193367.htm。

8 国家标准化管理委员会：http://www.sac.gov.cn/zt/ydyl/hyqk/201705/t20170512_237438.htm。

9 国家标准化管理委员会 http://www.sac.gov.cn/zt/ydyl/bzhyw/201801/t20180119_341413.htm。

点消费品对标行动、海外标准化示范推广行动、中国标准外文版翻译行动、企业标准国际化能力提升行动、标准国际化创新服务行动等。

2017 年 3 月 21 日，国务院办公厅发布《贯彻实施〈深化标准化工作改革方案〉重点任务分工（2017—2018 年）的通知》，[1] 进一步提出增强中国标准国际影响力，深度参与国际标准化治理，增强标准国际话语权。

2018 年 1 月 1 日，新版《中华人民共和国标准化法》[2] 实施，其中第八条明确规定：国家积极推动参与国际标准化活动，开展标准化对外合作与交流，参与制定国际标准，结合国情采用国际标准，推进中国标准与国外标准之间的转化运用。

"构建人类命运共同体"是习近平新时代中国特色社会主义思想的重要组成部分，是中国共产党为世界发展和全球治理提出的中国方案。标准是世界"通用语言"，中国标准就是中国参与全球治理的中国技术方案之一。中国标准国际化，便于世界各国接受与理解，通过先进技术转换标准，促进全球经济发展、环境保护，提升人类幸福，在构筑人类命运共同体的过程中发挥重要作用。在这一背景下，考查中国标准国际化程度，对中国标准国际化提出对策与建议，具有重要意义。

1.1.4 个人背景：标准翻译实践催生标准国际化的研究兴趣

笔者从 2006 年以来一直从事标准文本翻译工作，组建标准翻译公司与专业团队，累计翻译超过 1 万项中国标准，字数超过 2 亿。在 10 多年标准翻译实践过程中，笔者接触了国内外标准化界、翻译界、国际贸易界等诸多领域的专家学者，思考中国标准如何能够走向世界，如何更好地为中国经济服务。带着这些问题，笔者选择攻读博士学位，在一流专家学者的指导下，通过大量文献阅读，长期思考与总结，加上通过实践进行验证，从而萌发研究标准国际化对进出口贸易影响的想法与研究行动。

---

1 国家标准化管理委员会 http://www.sac.gov.cn/xw/bzhxw/201704/t20170401_235947.htm。

2 国家标准化管理委员会 http://www.sac.gov.cn/zt/bzhf/bzhfdsj/201711/t20171106_317997.htm。

1.2 研究意义

1.2.1 理论意义

第一，采用多学科理论研究标准国际化。

主要涉及的理论有语料库语言学、语言经济学、国际化理论、标准化理论、翻译标准理论、经济学与国际经济贸易等跨学科理论，以跨学科视角开展标准国际化指数研究。

第二，尝试从语言学视角研究标准国际化。

丰富和发展了现有的语言经济学和标准化理论的理论体系。现有的语言经济学理论主要从语言的经济价值、语言与经济的相互关系等角度研究语言的价值。本研究从语言特征指标角度对标准国际化指数以及标准语言的经济价值进行研究，并考查标准国际化指数对进出口贸易的影响。现有标准化理论关注标准的技术内容，对标准文本国际一致性、标准化语言关注较少，并且迄今为止，也没有构建出科学合理、较为完整的标准国际化测量指标体系。本研究在前人研究基础上，尝试构建出包含标准编制国际化、标准文本国际化、标准使用国际化与标准活动国际化四维度的"标准国际化指数"，为考查各国标准国际化程度提供理论模型。

1.2.2 方法论意义

本研究在方法论上有以下两点贡献：

第一，构建了一套测量标准国际化程度的方法。

通过文献查找，国内标准化研究尚未发现以大规模中外标准语料为数据，采用语言特征提取和大数据挖掘方法研究标准文本国际化指标。本研究采用指数测量方法，测量标准英文版母语接近度、标准文本国际化强度、标准文本国际化效度与标准文本国际化速度，并研究彼此的相互关系。

第二，采用多种计算机软件结合方法证实标准国际化程度。

通过语料库软件提取中外标准英文版的语言特征等指标，通过大数据工具分析标准文本内容国际化程度、标准编制国际化程度、标准使用国际化程度与标准活动国际化程度，采用经济学的计量和统计软件，测量中国标准国际化程度对进出口贸易的影响，手段先进而科学。

1.2.3 实践意义

本研究在实践层面具有四方面的价值：

第一，标准国际化智能云平台建设。

以句子为单位建立千万级标准化英汉双语语料库，为标准化智能翻译云平台提供优质翻译记忆库语料，可更好地为中外标准翻译服务，助力中国标准"走出去"。

第二，为中国标准英文版翻译实践提供范例。

通过语料库工具进行收集与分析，研究中外标准英文版的语言特征，甄别其中的语言差异，为更准确、更符合国际惯例方式地翻译中国标准外文版提供翻译指南，进而可作为中国技术文件翻译的指导文件，有助于"一带一路"倡议的实现。

第三，标准国际化测评指数可用于测评各行各业的标准国际化程度。

测评各行各业的标准国际化指数，可了解各行各业的标准国际化程度，助力中国标准更好地走进"一带一路"国家，为社会经济发展做出应有贡献。

第四，中国标准国际化指数测评可以扩大到更多国家。

实际评估中国标准国际化指数及其对进出口贸易的影响程度，为今后评估对外投资和其他领域提供了可操作性流程。标准国际化指数测量方法也可用于测量更多国家的标准国际化程度，与中国标准国际化程度进行对比研究，了解中国标准国际化在全球的真实水平。

1.3　研究目的

1.3.1　首次依托中外标准文本数据库，研究中国标准文本国际化指数

国内对各行各业的"标准国际化"研究较多，但相关研究主要集中于发展现状、对策分析、战略思考等，并且基本上将"标准国际化"限定于参加国际标准化相关活动、参与编制国际标准这一狭小领域。本研究在已有标准国际化研究的基础上，首次提出中国标准国际化至少具备四个维度：标准编制国际化、标准文本国际化、标准使用国际化及标准活动国际化，并从这四个维度去

回顾国内外研究现状，寻找问题与对策，系统地研究中国标准国际化指数，丰富和扩展了标准国际化的内涵与外延，弥补了国内现有研究的空白。

1.3.2　研究中国标准国际化对进出口贸易的影响

现有文献表明，国内标准存量、国内标准增量、国际标准存量、标准国际一致性程度等均对国际经济贸易产生正面影响。王耀中、陈文娟（2009）以机械行业为例分别就长短期内的标准效应进行了分析，发现标准增量对中国机械进口贸易增额的影响是长期为负，短期为正。侯俊军（2009）根据实证检验的结果，认为长期内标准增加对进出口贸易存在显著促进作用，对出口结构起着正向的优化作用，有利于中间产品的进出口增长。杨丽娟（2012）研究发现国家和国际标准数量的增加对中国对外贸易规模均产生正面作用。在互联网时代，标准问题已经是国际经济合作中不可回避的问题（侯俊军、蒋晴，2015）。王立非等（2019）认为中国标准国际一致性程度分别对货物贸易进出口流量有正向影响，如中国标准国际一致性提高 1 个单位，货物贸易进口额就相应增加 0.395 408 单位，货物贸易出口额就相应增加 0.347 462 单位。在这一基础上，一国标准国际化对其进出口贸易的贡献程度将是巨大的。通过研究中国标准国际化对进出口贸易的影响，为中国制定"一带一路"行动方案、促进国际贸易、参与全球经济治理等提供决策参考与建议。

1.4　本书结构

本书共分为 7 章，第 1 章是引言，介绍研究背景、研究意义与研究目的，从改革开放近 40 年的成就与"构建人类命运共同体"入题，介绍标准国际化的重要意义。第 2 章回顾标准国际化研究，第一，对关键概念进行定义，包括标准、标准化、标准国际化等；第二，论述本研究的理论基础，包括语言学理论、标准化理论、经济学理论等；第三，从基于语料库的文本测量研究、标准国际化研究、标准化对进出口贸易的影响研究三个方面对国内外研究进行综述，总结前人研究成果，发现不足，提出研究问题与研究视角。第 3 章构建中国标准国际化指数的理论模型，通过德尔菲专家访谈法对 15 位专家进行三轮访谈，最终确定标准国际化指数的 4 个一级指标、14 项二级指标、51 项三级指标（观测指标），并为各级指标设置评估权重。第 4 章从研究问题入手，详细介绍研究语料来源、研究方法与研究工具，最后构建指标赋分体系，详细描述所有三级指标赋分说明及标准文本国际化指标的计算方式。第 5 章通过从标准编制国际化、标准文本国际化、标准使用国际化和标准活动国际化四个维度梳理 1977—2017 年中国标准国际化发展史，对所有三级指标提供支撑史料与数据，构建出中国标准国际化指数，分析中国标准国际化趋势。第 6 章实证研究 1977—2017 年中国标准国际化程度对进出口总额、出口总额与进口总额的影响，发现中国标准国际化程度提升，当期进出口总额、出口总额将减少，进口额也有提升，但在长时间内对进出口贸易均存在促进作用。第 7 章为本研究的结论与对策性建议。

2 | 标准国际化研究现状综述

2.1 关键概念

2.1.1 标准与标准化

《中华人民共和国标准化法》（2018年1月1日起实施）将"标准（含标准样品）"定义为"农业、工业、服务业以及社会事业等领域需要统一的技术要求"，认为"标准化工作的任务"是制定标准、组织实施标准以及对标准的制定、实施进行监督。中国国家标准《标准化工作指南 第1部分：标准化和相关活动的通用术语》（GB/T 20000.1—2014）修改采用国际标准 ISO/IEC Guide 2：2004，将标准化定义为"为了在既定范围内获得最佳秩序，促进共同效益，对现实问题或潜在问题确立共同使用和重复使用的条款以及编制、发布和应用文件的活动"。

《中华人民共和国标准化法》将标准划分为国家标准、行业标准、地方标准和团体标准、企业标准。其中国家标准分为强制性标准、推荐性标准，行业标准、地方标准是推荐性标准。强制性标准必须执行，国家鼓励采用推荐性标准。

2.1.2 标准国际化

迄今为止，"标准国际化"尚没有明确的定义。改革开放40年来，中国对"标准国际化"有一个逐步认识与拓展的过程。二十世纪八九十年代将"标准国际化"认定为让中国标准与国际接轨。二十一世纪前面10多年扩展到参加国际标准化活动、制定国际标准，扩大中国在国际标准的话语权与影响力。2013年至今，中国对"标准国际化"的理解拓展到让中国标准走向全球，为中国企业国际化服务。

为了方便进行研究，本研究尝试将"标准国际化"定义为"某一组织的标准及其所含内容通过各种方式在国际的存在"，包括标准编制国际化、标准文本国际化、标准使用国际化与标准活动国际化。

2.2　本研究的理论基础

本研究涉及跨学科理论，它包括语言经济学、语料库语言学、标准化理论、标准的网络外部性理论等。

2.2.1　语言学理论

本研究的语言学理论基础包括语言经济学和语料库语言学。语言经济学探讨标准翻译的语言质量可能产生的经济价值以及标准语言对经济贸易的正面和负面的影响；语料库语言学采用大规模语料采样，对标准语言的文本特征进行客观描写，从而评价标准翻译文本的质量和水平。

（1）语言经济学

语言经济学将语言学和经济学结合起来进行交叉研究，在二十世纪六十年代产生后逐步发展。第一时期，经济学家们将语言视为一种归属判决要素，即某人的母语使其从属于某一群体，这种归类方法可能对个人的经济收入、社会地位等产生影响。在早期研究代表中，就有学者分析加拿大英语母语人士及法语母语人士的收入差距等。到了第二时期，经济学家侧重研究掌握某种语言成为个体或社会的盈利投资，语言能给人带来与其他技术一样的人力资本，这从新视角有利地促进了语言经济学的发展。到了第三时期，研究者将语言的归属判决要素、人力资本视角合二为一，提出语言因素集合可以对受访者的社会经济地位产生影响。

在语言经济学研究中，Grin（1996）把语言变量纳入到经济研究当中，研究语言资源的价值、效用、成本和收益，并研究其中的相互关系：①语言与经济关系研究，如通过人力资本理论来研究语言与收入、语言动态发展、语言政策经济分析等；②分析语言结构、现象及相关语言问题背后的经济学方法，如用博弈理论分析语言结构、语义及语用等；③研究不同语言产生、发展的经济逻辑；④分析经济学文本的语言特点，如研究经济学话语和经济学家语言特点等；⑤研究语言服务产业、语言经济战略及其与经济增长的关系（黄少安、张卫国、苏剑，2012）。

不同的经济学者用理论方法和实证方法证实了语言的经济价值。对个体而言，语言的经济价值应被区分为两种：语言的市场价值及语言的非市场价值（王立非、李琳，2014）。就语言的市场价值而言，在全球经济一体化的背景下，我们可以将语言看作一种经济商品，其价值由其市场价格来体现，而某种语言在其相应的市场上的均衡价格由该种语言的供给和需求所决定（Grin，1996）。

（2）语料库语言学

研究标准文本国际化的第二个理论基础是语料库语言学。语料库语言学从真实语言使用的数据出发，通过提取、观察、概括和解释，对语言进行详细描述，分析抽象出语言学规则。

采用语料库语言学的研究方法，借助计算机软件，可以对海量的语料检索和提取，考查中外标准文本的语言特点、话语特征、体裁特征、语用特征、交际特征等，解读语言背后的真正意义。基于语料库的标准文本语言质量国际化研究可以提取词汇频率、词汇搭配特征、词汇运用语境等语言特征。如研究标准文本词汇使用频率，可以发现标准文本的语言特征；通过标准化英汉语料库查找常用搭配、分析其不同含义，可以加深对标准文本语言规律和特点的理解和运用；通过研究标准化用语的搭配和语境，可以掌握标准化词汇的意义及其具体应用。语料库语言学研究方法主要包括：①词汇复杂度（如词长、词汇多样性、词汇信息、词汇密度、类形符比等）；②句法复杂度（如句长、句子复杂度、句法型式密度）；③语篇复杂度（文本易读性、指称衔接、情境模式、连词等）；④语义复杂度（如潜语义分析、迷雾指数等）。

2.2.2 标准化理论

标准化是为了在一定的范围内获得最佳秩序，对实际的或潜在的问题制定共同使用和重复使用的规则活动，包括标准制定、标准发布、标准实施、标准评估、标准认证等过程。标准化旨在改进产品、过程和服务的适用程度，从最大程度上防止贸易壁垒。

早期的标准化研究为纯技术研究。1895 年，英国《泰晤士报》呼吁在工程设计中统一尺寸和重量单位，随后又提交报告提出实施标准化，催生了英国工程标准委员会的成立，这是世界上第一个国家标准化组织。后来，标准化研究转入标准的经济效益研究，对标准化如何实现经济效益最大化提出了各种判断和评价方法。随着标准化实践和理论研究的不断深入，当前标准化研究已发展到研究标准化对经济社会的作用。

近年来，中国提出"综合标准化"，进行创新性解释和应用，在很大程度上解决了标准化方法论缺失的问题，即为了达到确定的目标，运用系统分析方法，建立标准综合体，并贯彻实施的标准化活动（GB/T 12366—2009）。一般来说，综合标准化是一项标准化系统工程，包括准备阶段、规划阶段、制定阶段和实施阶段四个环节。综合标准化把标准提升到系统水平，不再把制定标准数量作为工作目标，也不用汇总零散课题的方法开展工作，而是把制定相互协调的成套标准方法，把解决重大问题、发挥具体作用作为工作目标。综合标准化实践了系统论的基本思想，关注要素间的联系和作用，整体协调标准制定活动中复杂系统问题时遇到的不适应或挑战（中国标准化协会，2012）。

2.2.3 经济学理论

标准国际化研究的经济学理论基础主要涉及标准的网络外部性相关理论。

Katz 和 Shapiro 于 1985 年首次提出网络外部性概念，把网络外部性分为直接网络外部性和间接网络外部性。随后，许多经济学家采用网络外部性理论研究标准化问题。Farrell 和 Saloner（1985，1986）、Katz 和 Shapiro（1985）分析了标准选择时的"从众"现象，认为公众会按照获得网络外部性大小的顺序来选择标准，且网络外部性会使某一标准用户增加而被更多人采用。Church 和 Gandal（1992）认为标准化是均衡的结果，可以实现社会福利最大化，强制实施标准化能增加社会福利总量。Clements（2000）证明了网络外部性越大，标准化的可能性就越大。

国内学者（钱春海、郑学信，2003；鲁文龙、陈宏民，2004）用网络外部性理论研究中国通信行业标准化问题，表明中国 3G 通信市场上 CDMA 标准与 GPRS 标准的网络外部性效应，当初始国内技术有较大的用户安装基础时，国内联盟的销量和利润随着新技术与国内初始技术兼容度的增加而递增，但随国外联盟技术兼容度的增加而递减。周鹏（2005）则通过引入网络外部性和标准，认为如果多个标准之间存在竞争，个别标准则是不稳定的，会给企业带来各种不确定性，因而通过标准化来解决不确定性问题。

2.3　国内外相关研究综述

2.3.1　基于语料库的文本测量研究

文本多维分析理论的基础是假设语域区分与词汇、语法共现相关，统计所识别出的语言共现现象，分析语言功能特征的性质，构成语域变体观测的基本维度。但凭某个独立的语言特征尚不能对语域进行区分，需要观测多个语言共现特征（Biber，1988）。Biber 构建口语语料库和书面语语料库研究 67 个英语语言特征，并进行因子分析和功能解读，发现这些语言特征可以细分为交互性与信息性表达、叙事性与非叙事性关切、指称明晰性与情景依赖性、显性劝说型表达、信息抽象与具体程度五个功能维度；在同一维度中，如果某一文本正荷载特征较多，则负荷载特征就相对较少，反之亦然；正荷载特征和负荷载特征彼此互补。

近年来，多维分析理论在语言特征研究中应用广泛。Xiao（2009）基于多维分析框架中的语义因素对比英国英语、香港英语、印度英语等五种英语口语、书面语语域维度特征。Al-Surmi（2012）通过对比分析两个剧种及真实话语的多维语言特征，认为与肥皂剧相比，情景喜剧与真实话语更为契合，更适合用于二语教学。Weiglet 和 Friginal（2015）通过分析学生写作测试文本的多维语言特征，发现学生写作测试文本与学术论文文本在多个维度的差异具有统计学意义，相关差异与学生的语言背景（母语或二语）、语言水平等相关性较高。

国内学者主要将文本多维分析理论应用于英语教学、中外语篇对比等研究当中。吕长竑、周军（2013）分析立场标示语的多维语言特征，发现中外学者在学术语篇中的立场表达存在明显差异。江进林、许家金（2015）将多维分析理论应用到商务英语研究当中，通过对商务英语和通用英语语域构建语料库进行对比分析，发现多维分析法可以区分商务英语和通用英语语域。王立非、部寒（2016）对中美上市公司年报话语进行多维分析，发现中国企业年报话语的信息性、叙事性和指称明晰性较强，而交互性和劝说性较弱。

Coh-Metrix 是一种计算工具，可以生成文本的语言和话语特征的指标。使用这些指标值，可以通过多种不同方式来研究具体文本的衔接性和文本心理特征的一致性。衔接性特征在帮助读者从思想上联系文中观点发挥一定作用（Graesser et al，2003）。文本衔接性是由语言表征和知识表征之间的相互作用来决定的，表现为各种文本特征，包括描述性特征、文本易读性、指称衔接、潜语义分析、词汇多样性、连接词、情境模式、句法复杂性、句法模式密度、单词信息、可读性等 11 项指标。11 项三级指标之下有 108 项子指标。Duran 等（2007）、McNamara 等（2014）等学者的研究均验证了 Coh-Metrix 的测量指标对于文本衔接性和阅读理解的影响具有统计学意义。Graesser 和 McNamara（2011）、McNamara 和 Magliano（2009）认为 Coh-Metrix 提供多层次语言和话语的文本特征指标，超越了传统的可读性指标；这些文本特征指标与文本理论和话语理解完全一致。McNamara 等（2012）通过 Coh-Metrix 研究动词衔接性，认为当存在重复动词时，文本可能包括更一致的事件结构，促进和增强情境模型理解；Coh-Metrix 动词衔接性指数值与针对年轻读者的文本和叙事文本更为相关。国内学者主要使用 Coh-Metrix 研究学生英语写作、二语习得等。梁茂成（2006）通过 Coh-Metrix 研究 EFL 作文，发现高分作文整体衔接性指数值更高，低分作文局部衔接性指数值更高。另外，桂林（2010）运用 Coh-Metrix 指标对比第一语言和第二语言作文的词汇特点，秦朝霞、顾琦一（2011）运用 Coh-Metrix 指标对写作话题熟悉度和语篇衔接手段的关系进行了分析，江进林（2016）运用 Coh-Metrix 指标考察商务英语专业本科生中译英高低分组译文的区别。

2.3.2　标准国际化研究

国际上尽管对"标准化"研究的论文颇具规模，却没有"标准国际化"相关研究。以"standards internationalization""internationalized standard""standard globalization"等关键词在 SSCI 索引中没有找到任何相关文献，其中原因可能是全球绝大多数国家的标准均是自愿性标准，由行业团体组织招募专家参与制定，与中国标准由国家主导所不同，因而相关标准是否在国际上通用只是商业层面问题，无需学术研究。

通过中国知网对"标准国际化"进行主题搜索，找到最早一篇提出"标准国际化"字样的文章发表于《电机技术》1982 年 4 月刊，题为"中国电工产品标准国际化，刻不容缓"，认为市场国际化在当时已是世界经济发展的总趋势，标准国际化是市场国际化的重要条件和必要手段（孟庆元，1982）。从中可以看出，文中"标准国际化"的说法是基于"市场国际化"而来，而标准国际化方式为采用国际标准为中国标准，相当于当前提升标准国际一致性水平，属于标准文本国际化的一部分。我国第一篇"标准国际化"论文发表于1991年，题为"日本木材加工机械标准的国际化"，具体观点为"JIS标准的国际化是从1980年关贸总协定标准守则生效时开始的，具体地讲，即'要根据国际标准（ISO及IEC标准）和国际认证制度开展贸易活动'"（王晓军，1991）。1994—1995年间，陆锡林（1994a，1994b，1994c，1995a，1995b，1995c，1995d，1995e，1995f）通过一系列论文介绍"标准制定国际化"，宣贯GB/T 1.1—1993《标准编写的基本规定》，研究如何积极采用国际标准和国外先进标准为中国标准，也是属于标准文本国际化的一部分。1996—2004年间，间或有专家谈到标准国际化问题，基本上围绕采用国际标准为国内标准进行研究。

2005年，《瞭望新闻周刊》在介绍闪联标准时，编者增加一篇小评论"中国标准国际化要靠实力"，其中提出了"实施标准战略必须实质性参与国际标准化活动，中国技术标准国际化首先要靠技术实力来保障"（瞭望新闻周刊，2005），首次将标准国际化与参与国际标准化活动联系起来。2006年，现任国际电信联盟（ITU）秘书长、时任ITU电信标准化局局长赵厚麟在全国标准化工作会议上的主题发言中，提出"加快实现国家标准国际化"（赵厚麟，2006），参与国际标准化活动，把中国标准变为国际标准。2005—2011年，专家对于标准国际化问题基本上围绕参加标准国际化活动、将中国标准转变为国际标准。

2012年，朱梅、杨琦（2012）提出中国开展铁路标准国际化应主导或参与制定国际标准，让贸易国认可中国标准，使中国具有核心技术的标准成为事实标准，采用国际标准等；所提出的具体措施包括建立中国铁路标准国际化信息平台、以市场为依托推广中国标准、梳理分析及翻译中国重点技术标准等；率先将标准国际化提升到国际应用层面。刘伊生等（2012）在工程技术标准国际化发展战略路径上，提出了标准国际化人才培养、积极推进中国技术标准在重点国家和地区的推广应用、将标准系统地翻译成国际语言、积极推进示范性工程建设等建议。随着"一带一路"倡议在2013年提出后，中国专家学者的研究集中于中国标准国际应用、参加国际标准化活动、把中国标准转化为国际标准上（徐光黎等，2013；焦建国，2014；李博等，2014；刘春卉，2015；郭伟等，2016；刘贤淼、费本华，2017）。2015 年 2 月 11 日，国务院常务会议审议通过《深化标准化工作改革方案》，提出要"提高标准国际化水平"，首次以国家文件方式，正式提出"标准国际化"概念。《标准联通"一带一路"行动计划（2015—2017）》指导思想中明确大力推动中国标准"走出去"，加快提高标准国际化水平，全面服务"一带一路"建设。《标准联通共建"一带一路"行动计划（2018—2020 年）》进一步明确提出，到 2020 年，基本形成交流互鉴、开放包容、互联互通、成果共享的标准国际化发展新局面。

由于有政府支持，中国国内各行各业对标准国际化研究颇多。如高新技术标准国际化（徐强，2007）、铁路标准国际化（徐光黎等，2013；刘春卉、旻苏等，2015）、石油化工工程建设标准国际化（焦建国，2014）、特高压交流输电标准国际化（李博等，2014）、工程建设标准国际化（郭伟等，2016）、电力标准国际化（刘春卉、汪滨等，2015；何玮珊，2017）、竹子标准国际化（刘贤淼、费本华，2017）、水利技术标准国际化（郑寓、顾晓伟，2015）等。但相关研究主要集中于发展现状、对策分析、战略思考等，并且基本上将标准国际化限定于参加国际标准化相关活动、参与编制国际标准这一狭小领域，甚至没有涵盖全中国政府明确了的"标准国际化"发展方向。

2.3.3 标准化对进出口贸易的影响研究

随着关税与传统非关税壁垒在国际经济活动中产生作用的环境发生变化，再加上其作用效果的弱化，以及技术性壁垒对国际经济活动影响的加大，标准这个技术性贸易壁垒的主要表现形式越来越受到重视。李春田（2005）认为标准在国际贸易中的作用和地位比以往任何时候都显得更为重要，因为标准化是国际贸易中各种要素连接的界面，也是国际贸易游戏规则的重要组成部分。

Marshall（1919）在二十世纪早期便提出要通过标准化来建立国际竞争力。Swann 等（1996）以英国为例分析了国内标准和国际标准对本国贸易的影响，认为英国的国内标准有同时增加进口和出口的趋势，而英国采纳的国际标准对进出口的影响较小。DIN（2000）也特别强调了标准对国际竞争力的促进作用，认为标准能让出口国做出最优投资决策，生产出适合国际市场的产品，也能减少贸易成本提高产品质量。Blind（2000）以德国、澳大利亚和瑞士的双边贸易实证检验了标准的贸易促进效应。Casella 和 Alessandra（2001）认为在公开市场中，各大公司国际结盟活动使产品标准得以成型，由于标准直接相关的商业利益国际属性与承担标准编制、认证成本的意愿可能会导致跨国协调自下而上发生。Moenius（2004）运用引力模型分析了 1980—1995 年间 12 个国家的 471个行业的技术标准与双边贸易额之间的相关性，发现共享标准与贸易额有显著的正向关系，共享标准每增加 1%，贸易额增长 0.32%；进口国家单边标准也会在很小程度上增加进口，出口国家单边标准对进口额有很强的正向作用，弹性大约为 0.27。Schoechle（2009）从政治经济学视角与公共领域理论出发，采用话语分析与历史学方法，研究国际标准体系中联盟合法性诉求及其包容性论证，发现标准与标准化话语中的观点与论据构成、使用政治决策，或为之辩护。Kim 等（2017）对技术轨道和标准的关系进行了实证研究，认为在物联网时代，标准会推进技术融合，3GPP 标准为 M2M/IoT 技术系统限定了边界，而标准也为华为等技术追赶型企业的发展开拓了新道路。Trifkovi（2017）以国际公认的非劳动标准 ISO 9001 与 ISO 14001 为例，研究其对于员工薪酬、正式合同以及额外福利的溢出效应，认为标准会带来非货币利益，比如改善员工工作条件，进而提高生产力。

国内专家也积极研究标准化对进出口贸易的影响。中国学者（郭力生，2002；李春田，2003；于欣丽，2008）普遍认为国际标准对贸易的促进作用大于国内标准。段琼、姜太平（2002）认为环境标准可以提升贸易竞争力。赵英（2008）专门研究了中国制造业技术标准与国际竞争力的问题，并对中国家电制造、钢铁工业、信息与通信技术产业、机械产业、汽车工业和纺织工业的技术标准提升产业国际竞争力进行具体分析，得出了积极的结论。侯俊军、马喜燕（2009）以中日贸易为例进行探究，发现长期内中日标准存量的增加将会促进中日双边贸易规模的扩大。侯俊军（2009）进一步提出，就贸易规模而言，标准的增加会在短期内造成中国进出口贸易规模的缩减，但是在长期内对进出口贸易存在着显著的促进作用。王耀中、陈文娟（2009）以机械行业为例分别就长短期内的标准效应进行了分析，指出在长期内行业标准增量对中国机械行业进口贸易增额呈负向相关性，而短期内行业标准增量对中国机械行业进口贸易增额呈正向相关性。孙会娟（2016）研究 1978 年至 2013 年间中国国家标准数据和进出口数据之间的长期稳定协整关系，认为国家标准的完善对于进出口贸易竞争优势的提升有很大作用。

2.4 对现有研究的评述

综上所述，国内"标准国际化"研究才刚刚起步，主要集中于发展现状、对策分析、战略思考等，并且基本上将标准国际化限定于参加国际标准化相关活动、参与编制国际标准这一狭小领域，甚至没有涵盖全中国政府明确了的"标准国际化"发展方向——本研究总结为四个维度：标准编制国际化、标准文本国际化、标准使用国际化及标准活动国际化。由于标准国际化从实践到理论均处于初级阶段，标准编制国际化、标准文本国际化、标准使用国际化、标准活动国际化方面的数据严重不足，可借用的理论依据有限，一方面加大了本研究的难度，很多方面都必须自己去摸索；但另一方面也为本研究留下了足够广阔的空间。

在国内外文献中，标准化与国际贸易的实证研究不少，基本上集中于标准存量与对外贸易发展研究实证，或者针对某一类产品进行实证研究。在前人研究的基础上，本书尝试研究中国标准国际化对国际经济贸易的影响程度，为中国制定"一带一路"行动方案、促进国际贸易、参与全球经济治理等提供决策参考与建议。

3 | 中国标准国际化指数模型构建

3.1 中国标准国际化指数的理论模型

《深化标准化工作改革方案》（国发〔2015〕13号）[1]、《贯彻实施〈深化标准化工作改革方案〉重点任务分工（2017—2018年）的通知》（国办发〔2017〕27号）[2]，这两份文件对中国标准国际化提出具体要求。本标准在上述两个文件基础上，首次将国家对标准国际化的期望与要求总结为四个维度：标准编制国际化、标准文本国际化、标准使用国际化及标准活动国际化，见图3-1。

3.1.1 标准编制国际化

标准编制国际化指的是在编制标准过程中利益相关方的参与程度，如国外机构或个人、或国际机构参与到一国标准的起草、评审、修订等活动当中，使得一国标准成为国际化协作的成果；或两国代表跨国合作编制标准。2015年，《深化标准化工作改革方案》明确要进一步放宽外资企业参与制定中国标准。2017年1月，《关于扩大对外开放积极利用外资若

图 3-1 标准国际化指数的理论模型

1 中国政府网 http://www.gov.cn/zhengce/content/2015-03/26/content_9557.htm。

2 中国政府网 http://www.gov.cn/zhengce/content/2017-04/01/content_5182637.htm。

干措施的通知》[1]要求"促进内外资企业公平参与中国标准化工作"。2017年11月，国家标准委、国家发展改革委和商务部联合印发《外商投资企业参与我国标准化工作的指导意见》[2]，首次明确外商投资企业参与中国标准化工作的主体，规定在中国境内合法设立的中外合资、中外合作和外资等企业，与内资企业享有同等待遇参与中国标准化工作；明确了外商投资企业可以参与国家标准起草工作和国家标准外文版翻译工作，也可以在标准立项、征求意见、标准实施等过程中提出意见和建议，可以作为委员或观查员参与全国专业标准化技术委员会，可以按照有关规定要求参与国际标准化组织的相关活动，开展标准化合作交流等。

2017年3月，国务院办公厅印发《贯彻实施〈深化标准化工作改革方案〉重点任务分工（2017—2018年）的通知》，提出探索建立中外城市间标准化合作机制。

另外，中国也积极研究跨国合作编制标准相关机制。自2002年以来，东北亚标准合作会议每年举行一次，已经成为中日韩三国开展标准化合作的重要平台。2010年在韩国举行的中日韩领导人会议发布了《中日韩标准化合作联合声明》，[3]其中规定"通过东北亚标准合作论坛推动国际标准化以及相应的东北亚地区标准的协调一致"，助推区域标准化合作、城市间标准化合作的项目。截止到2017年12月底，中国已与21个"一带一路"沿线国家签署了标准化合作协议；与沿线重点地区（欧盟、东盟、中亚、蒙古国、俄罗斯等）建立多双边标准化合作渠道；开展中法铁路、中英石墨烯、中俄油气和民用飞机等标准化合作；在铁路领域，与法国联合制定3项国际标准；在电动汽车领域，与德国成立标准化工作组；在直流充电领域，推动中国3项技术申报国际标准。[4]刘春卉、旻苏等（2015）对中国高铁标准国际化环境中应该面对的关键问题作出解析，认为要推动中国高铁标准国际化，需建设并完善中国高铁标准体系。柴华、刘怡林（2018）从"一带一路"建设与工程建设标准化之间的相互关系入手，总结中国工程建设标准国际化发展现状，研究中国工程建设标准在"一带

1 中国政府网 http://www.gov.cn/zhengce/content/2017-01/17/content_5160624.htm。
2 国家标准化管理委员会 http://www.sac.gov.cn/szhywb/sytz/201711/t20171129_324590.htm。
3 国家标准化管理委员会 http://www.sac.gov.cn/sgjhzb/tzgg/201803/t20180322_342008.htm。
4 国家标准化管理委员会 http://www.sac.gov.cn/xw/bzhxw/201705/t20170515_238407.htm。

一路"国家的适用性，认为需要加强服务于"一带一路"工程建设标准化的顶层设计；制定服务于"一带一路"工程建设标准化的战略措施。

目前国内专家对于如何实现标准编写国际化缺乏相应研究，政府标准化主管部门也缺乏长期统计数据，因而对外方参与国内标准编制情况和跨国合作编制标准情况难以了解全貌，只能通过新闻报道掌握部分零散数据。本研究征询国家标准委、国家标准化研究院、中国标准化协会多个部门领导，均表示外企参与编制标准刚获得国家文件明确，而跨国合作编制标准也刚刚起步，仅在 ISO 和 IEC 层面上合作编制标准，具有真正合作意义的两国联合起草共用标准或区域标准尚未成行。

3.1.2　标准文本国际化

标准文本国际化指的是一国标准文本易于被他国用户所理解与接受的程度，主要表现为用国际通用的语言与表达方式向他国呈现本国标准文本。《深化标准化工作改革方案》提出，要加大国际标准跟踪、评估和转化力度，加强中国标准外文版翻译出版工作，推广中国标准。《贯彻实施〈深化标准化工作改革方案〉重点任务分工（2017—2018 年）的通知》进一步提出要增强中国标准国际影响力，组织翻译一批国际产能和装备制造以及对外经贸合作急需标准，推进重点领域标准中外文版同步制定工作，主要消费品领域与国际标准一致性程度达到 95% 以上，装备制造业部分重点领域国际标准转化率达到 90% 以上。

采用国际标准是中国标准文本国际化的重要途径之一。在中国国际采标标准存量中出现了等同采用、等效采用、非等效采用（包括参照采用）、修改采用四种模式，加上翻译本国自有标准英文版，构成了中国标准文本国际化输出的主要形式。等同采用与等效采用两种模式在技术内容和文本结构上均与国际标准相同，但非等效采用与修改采用均存在技术性差异，文本需要进一步翻译与审校，加上本国自有标准需全文翻译与审校，因而翻译质量成为标准文本国际化的重要因素。Teichmann（2006）等非英语国家的标准专家尝试克服标准翻译过程中存在的翻译问题与英语语言问题。

徐光黎等（2013）研究欧盟技术开发与标准化工作的概况，介绍了铁路标准在 EN、IEC 和 ISO 等标准化进程中的动向，认为中国铁路标准国际化要切切实实地跟进、融入、引导、引领国际标准。马伟平等（2013）针对我国石油天然气管道标准国际化所面临的问题进行分析总结，认为我国石油天然气国家标准和行业标准采标占主导地位，但企业标准采标比例不高。华梦圆等（2013）采用系统学原理对影响中国工程建设技术标准的国际化发展的制约因素进行分析，认为翻译与语言问题是影响中国工程建设技术标准国际化发展的一大关键因素。焦建国（2014）认为中国石油化工工程建设标准目前已较好地支撑和满足了国内石油化工行业工程建设项目的需要，认为采用国际标准和国外先进标准是中国石油化工工程建设标准国际化的重要措施。刘春卉、汪滨等（2015）研究认为推动中国核电标准国际化的对策建议包括建设标准体系，推动与国际标准的对标。刘春卉、旻苏等（2015）认为要推动中国高铁标准国际化，需加快与各国高铁标准对比分析，发布高铁标准外文版。郭伟等（2016）研究认为可从加强政策研究制定有力推进机制、提高国际标准采标率、加大人才储备和投入、加强国际交流和合作四方面加大工程建设标准国际化力度，抓住机遇大力推进中国工程建筑标准国际化工作。丁瑶（2017）结合《标准联通"一带一路"行动计划（2015—2017）》的分析，从编译原则、编译流程、编译团队、质量保证措施等方面对标准外文版的编译出版"走出去"工作进行了系统的梳理与总结，旨在为编译出版高质量的外文版译本提供帮助，从而推动中国标准"走出去"。柴华、刘怡林（2018）认为推进工程建设标准国际化基础建设包括加强工程建设标准国际化专业人才队伍建设、加快工程建设标准外文版翻译工作、建立多语言版的工程建设标准信息平台。

综上所述，标准文本国际化应涵盖文本语言与文本内容两个维度，包括标准外文版母语接近度、标准文本国际化强度、标准文本国际化效度与标准文本国际化速度等不同维度。这四个指标相互影响，互为支撑，共同构建标准文本国际化指数。标准文本国际化是标准真正走向国际的基础工程。

3.1.3　标准使用国际化

标准使用国际化是指在他国或国际场合采用或认可一国标准，如标准互认、项目批量采用、标准产品免检、他国采用一国标准为其国内标准等，体现一国标准的国际接受程度。《深化标准化工作改革方案》《贯彻实施〈深化标准化工作改革方案〉重点任务分工（2017—2018 年）的通知》强调境外项目采用本国标准，与他国标准互认情况，他国采用本国标准情况及本国标准的海外应用示范。截至 2017 年 12 月底，中英标准互认 62 项，中法标准互认 11 项；83 项中国标准在土库曼斯坦注册并授权使用；非洲亚的斯亚贝巴至吉布提铁路首次全部使用中国标准进行设计与施工。[1]

徐强（2007）研究中国高新技术产业和标准互促国际化问题，认为相互存在对应关系的高新技术专利群体和技术标准形成后，如果再得到正式国际场合（一般表现为国际组织或论坛）认可或在既定事实上被公认为国际标准，将带来知识产权、国际贸易和产业国际化三方面利益。文岗等（2015）认为中国路桥施工企业标准国际化，就是针对中国路桥建设标准在国际路桥贸易领域和建设市场被相关各方接受和遵守的程度，对路桥工程技术标准的内容、技术水平和表现形式持续改进的过程，其内容包括标准化的理念、管理体制、体系等。刘春卉、旻苏等（2015）对中国高铁标准国际化环境中应该面对的关键问题作出解析，认为要推动中国高铁标准国际化，需建设中国标准高铁示范项目，推进中国与其他铁路发达国家高铁标准互认等。刘春卉、汪滨等（2015）研究认为推动中国核电标准国际化的对策建议包括建设示范工程，加强宣传推广。柴华、刘怡林（2018）对中国工程建设标准在服务"一带一路"倡议时存在的适用性进行探讨，认为需要加强服务于"一带一路"工程建设标准化的顶层设计；制定服务于"一带一路"工程建设标准化的战略措施。

与标准编写国际化现状一样，目前国内专家学者对于如何实现标准使用国际化研究不足，政府标准化主管部门刚开始做相关标准使用国际化统计，难以了解全貌。由于国际上欧美标准盛行，且不遗余力将此标准转变成为国际标准；但中国标准起步较晚，从建国初照搬苏联标准体系到改革开放前面的 30 年，积极致力于中国标准与国际接轨，再到当前开始中国标准"走出去"研究与初步实践，中国标准使用国际化尚处于初级阶段，有待进一步研究。

3.1.4　标准活动国际化

标准活动国际化是指参加各类国际标准化活动、承担国际标准化组织领导或秘书处职务、参与起草国际标准、承办国际标准化会议等。《参加国际标准化组织（ISO）和国际电工委员会（IEC）国际标准化活动管理办法》（质检总

---

1 国家标准化管理委员会 http：//www.sac.gov.cn/xw/bzhxw/201705/t20170517_239219.htm。

局和国家标准委 2015 年第 36 号文件）[1]认定参加国际标准化活动是指 ISO 和 IEC 的相关活动，包括：担任 ISO 和 IEC 中央管理机构的官员或委员；担任 ISO 和 IEC 技术机构负责人；承担 ISO 和 IEC 技术机构秘书处工作；担任工作组召集人或注册专家；承担 ISO 和 IEC 技术机构的国内技术对口单位工作，以积极成员或观察员的身份参加技术机构的活动；提出国际标准新工作项目和新技术工作领域提案，主持国际标准制定工作；参加国际标准制修订工作，跟踪研究国际标准文件，并进行投票和评议；参加或承办 ISO 和 IEC 的国际会议；等等。这一文件明确了中国参与国际标准化活动的类型与方式，但不是标准活动国际化的全部。

2005 年 5 月 26 日，由重要技术标准研究专项管理办公室主办的"中国技术标准国际化战略座谈会"在北京召开，探讨了"中国技术标准国际化之路"，认为中国技术标准国际化要靠技术实力来保障，靠参与国际标准化活动来支持（张颖，2005）。从那时起，中国标准国际化实施就与参与国际标准化活动紧密结合起来。2010 年《中日韩标准化合作联合声明》规定"研究协调共同关心的重点领域的标准，以共同制定和提出协调一致的国际标准"。华梦圆等（2013）认为各国政府的方针政策法制法律情况、国际的政治关系等政治因素对我国工程建设技术标准的国际化发展存在制约。焦建国（2014）分析认为中国石油化工工程建设标准国际化的措施之一是积极参加标准国际化活动。刘春卉、旻苏等（2015）认为要推动中国高铁标准国际化，需积极推进中国铁路承担国际标准化组织相关的技术委员会主席和秘书处工作，充分合理运用表决权，及时提出中国行业企业的诉求或建议。郭伟等（2016）研究认为可加强国际交流和合作等来增强工程建设标准国际化力度。何玮珊（2017）研究了中国电力标准国际化的发展动态，认为中国电力企业要积极参与国际标准组织，推进中国特高压交流输电标准成为国际标准。肖洋（2017）认为标准霸权是霸权国霸权可持续性的保障，提出组建中国标准国际化的推进机制，实现从"标准追随"向"标准主导"的战略转变。柴华、刘怡林（2018）认为需要加强服务于"一带一路"工程建设标准化的顶层设计；制定服务于"一带一路"工程建设标准化的战略措施；推进建立多语言版的工程建设标准信息平台。

---

1 国家标准化管理委员会 http://www.sac.gov.cn/sbgs/flfg/gfxwj/zjbzw/201606/t20160620_210923.htm。

　　参加国际标准化相关活动、参与编制国际标准只是标准活动国际化的一部分内容，这些活动只是在国际场合发出中国的声音，为中国在国际分工合作与贸易规则中争取利益。据《中国标准化年鉴2017》统计，截至2016年底，中国主导制定国际标准333项，其中ISO标准217项，IEC标准116项。

3.2　中国标准国际化指数测评指标体系构建

　　中国标准国际化指数由标准编制国际化、标准文本国际化、标准使用国际化及标准活动国际化4个一级指标构成。本研究在初设指标中，有11项二级指标和51项三级指标，见本书附表1。本研究采用德尔菲法对15名行业专家（名单见致谢部分）进行三轮专家访谈，修订初始指标权重和占比。经过三轮专家访谈，通过德尔菲法获得的标准国际化指数指标最终权重见表3-1，其中部分指标做了修正与调整。下文将对各项指标进行说明。

表3-1　标准国际化指数指标权重赋值

一级指标（最终权重）	二级指标（最终权重）	三级指标（最终权重）
1.1 标准编制国际化（10%）	1.1.1 国外利益相关方参与编制标准（50%）	1.1.1.1 外方参与编制的标准占比（10%）
		1.1.1.2 外资机构代表国家参与国际标准编制占比（30%）
		1.1.1.3 外方主导标准编制的程度（50%）
		1.1.1.4 外方享有国内机构同等待遇的程度（10%）
	1.1.2 跨国合作编制标准（50%）	1.1.2.1 民间跨国合作编制标准（25%）
		1.1.2.2 城市间跨国合作编制标准（25%）
		1.1.2.3 国家间跨国合作编制标准（50%）
1.2 标准文本国际化（10%）	1.2.1 标准外文版母语接近度	1.2.1.1 描述性特征
		1.2.1.2 文本易读性
		1.2.1.3 指称衔接
		1.2.1.4 潜语义分析
		1.2.1.5 词汇多样性
		1.2.1.6 连接词

续表 3-1

一级指标 （最终权重）	二级指标（最终权重）	三级指标（最终权重）
1.2 标准文本 国际化 （10%）	1.2.1 标准外文版母语接近度	1.2.1.7 情境模式
		1.2.1.8 句法复杂性
		1.2.1.9 句法模式密度
		1.2.1.10 单词信息
		1.2.1.11 可读性
	1.2.2 标准文本国际化强度	1.2.2.1 等同采用国际标准为本国标准
		1.2.2.2 等效采用国际标准为本国标准
		1.2.2.3 修改采用国际标准为本国标准
		1.2.2.4 非等效采用（包括参照采用）国际标准为本国标准
		1.2.2.5 自有标准外文版翻译
	1.2.3 标准文本国际化效度	1.2.3.1 自有标准英文版是否具有母语版的效力
	1.2.4 标准文本国际化速度	1.2.4.1 采标标准滞后年数
		1.2.4.2 自有标准英文版发布滞后年数
1.3 标准使用 国际化 （40%）	1.3.1 境外项目本国标准采用度（25%）	1.3.1.1 本国企业境外项目采用本国标准（50%）
		1.3.1.2 外国企业项目采用本国标准（50%）
	1.3.2 标准国际互认度（25%）	1.3.2.1 两国或多国标准互认协议签约（50%）
		1.3.2.2 按照本国标准进行检验被他国认可（50%）
	1.3.3 他国采用本国标准度（25%）	1.3.3.1 他国等同采用本国标准（25%）
		1.3.3.2 他国修改采用本国标准（25%）
		1.3.3.3 他国非等效采用本国标准（25%）
		1.3.3.4 他国编制标准时明确参照采用本国标准（25%）
	1.3.4 标准海外示范度（25%）	1.3.4.1 由本国在他国建立本国标准示范基地（25%）
		1.3.4.2 由他国在他国利用本国标准建立示范基地（50%）
		1.3.4.3 在他国或国际设立本国标准办事处（25%）

续表 3-1

一级指标 （最终权重）	二级指标（最终权重）	三级指标（最终权重）
1.4 标准活动 国际化 （40%）	1.4.1 国内外标准化 工作合作度（10%）	1.4.1.1 与国外标准机构共同制定区域性标准（50%）
		1.4.1.2 组织实施标准化合作项目（25%）
		1.4.1.3 成立跨国标准化交流互鉴机制（25%）
	1.4.2 国际组织任职数 （10%）	1.4.2.1 担任国际标准组织中央管理机构的官员或委员 （30%）
		1.4.2.2 担任国际标准组织技术机构负责人（30%）
		1.4.2.3 承担国际标准组织技术机构秘书处工作（20%）
		1.4.2.4 担任工作组召集人或注册专家（10%）
		1.4.2.5 承担国际标准组织技术机构的国内技术对口单位 工作（10%）
	1.4.3 国际组织活动参与 度（10%）	1.4.3.1 参加国际标准组织的国际会议（25%）
		1.4.3.2 承办国际标准组织国际会议的数量（50%）
		1.4.3.3 加入国际标准组织 TC、SC 数量（25%）
	1.4.4 国际标准制修订 参与度（70%）	1.4.4.1 提出国际标准新工作项目（20%）
		1.4.4.2 主导国际标准制修订工作（60%）
		1.4.4.3 参加国际标准制修订工作（20%）

3.3　中国标准国际化指数测量指标说明

3.3.1　标准编制国际化程度的测量指标

标准编制国际化包括国外利益相关方参与编制标准和跨国合作编制标准两个维度，具体包括外方参与编制标准所占比例、外资机构代表国家参与国际标准编制所占比例、外方主导编制标准的程度、外方享有国内机构同等待遇的程度、民间跨国合作编制标准、城市间跨国合作编制标准及国家间跨国合作编制标准 7 项三级指标。

3.3.1.1　国外利益相关方参与编制标准

（1）外方参与编制的标准占比

长期以来，在中国境内合法设立的中外合资、中外合作和外资等企业均有一定数量代表参与到国家标准编制当中。比如 2012 年 5 月 11 日发布的强制性国家标准《微型计算机能效限定值及能效等级》（GB 28380—2012）的起草单位就包括英特尔（中国）有限公司。根据全国标准信息公共服务平台提供的统计数据，英特尔（中国）有限公司从 2010 年至今，参与了 4 项国家标准起草工作，其中 2 项标准已经发布；微软（中国）有限公司从 2012 年至今，参加 8 项国家标准起草工作，其中 7 项标准已经发布。由于外企数量众多，全国标准信息公共服务平台并没有相应统计项目，因而对外方参与国内标准编制情况和跨国合作编制标准情况难以了解全貌，只能通过新闻报道、单项标准起草单位信息掌握部分零散数据。当前仅能以来自外商投资企业的委员代表在全国专业标准化技术委员会的比例作为考核指标。2017 年 1—10 月，全国专业标准化技术委员会中，来自外商投资企业的委员代表已达 2 652 人次，占全部委员人数的 5.9%。[1]

（2）外资机构代表国家参与国际标准编制占比

《外商投资企业参与我国标准化工作的指导意见》明确外商投资企业可以按照《参加国际标准化组织（ISO）和国际电工委员会（IEC）国际标准化活动管理办法》的规定，参与国际标准化组织的相关活动。鼓励外商投资企业在国际标准化双（多）边活动中发挥桥梁作用，开展标准化合作交流，提高中国标准国际化水平。当前缺乏相关统计数据。

（3）外方主导标准编制的程度

外方主导标准编制程度是指在标准编制过程中，外方作为标准编制召集人单位、主编单位、起草单位、翻译单位等相关工作机构的程度。根据《外商投资企业参与我国标准化工作的指导意见》相关规定，具备一定标准化工作基础和经验、具备相应专业能力的外商投资企业可以参与国家标准起草工作，也可以在标准立项、征求意见、标准实施等过程中提出意见和建议。但目前外商投资企业代表可以作为委员或观察员参加全国专业标准化技术委员会（包括分技术委员会、工作组等），按照《全国专业标准化技术委员会管理办法》等要求享有相应权利，履行相应义务。

---

1 中国质量报 http：//www.cqn.com.cn/zgzlb/content/2017-11/27/content_5147325.htm。

（4）外方享有国内机构同等待遇的程度

根据《外商投资企业参与我国标准化工作的指导意见》相关规定，在中国境内合法设立的中外合资、中外合作和外资等企业与内资企业享有同等待遇参与中国标准化工作，具有一定代表性。但中国标准在编制过程中，不涉及境外企业或其他境外经济组织在中国境内的分支机构，导致中国标准编制与国际标准、美国 ASTM 标准编制相比，参与人员的代表性相对不足，以致于制定出来的国家标准在国际通行使用上，存在较大局限性。

3.3.1.2　跨国合作编制标准

（1）民间跨国合作编制标准

《贯彻实施〈深化标准化工作改革方案〉重点任务分工（2017—2018 年）的通知》提出建立中外标准化专家合作交流机制，鼓励中国专家积极参与国际标准化组织工作，探索建立企业参与国际标准化活动的快速通道，鼓励企业积极参与国际标准制修订、承担国际标准组织技术机构领导职务和秘书处工作。如中国工程建设标准化协会与加拿大标准协会集团签订了合作备忘录。但目前缺乏更多相关数据。

（2）城市间跨国合作编制标准

《贯彻实施〈深化标准化工作改革方案〉重点任务分工（2017—2018 年）的通知》提出探索建立中外城市间标准化合作机制。《标准联通共建"一带一路"行动计划（2018—2020 年）》提出大力开展城市间标准化合作，在青岛、杭州、深圳、包头等地推进标准国际化创新型城市建设，加强沿线国家间标准化实践的交流与互鉴。2016 年 5 月，四川省出台《推进"一带一路"建设标准化工作实施方案》，着力推动四川标准与沿线国家标准的互联互通互认，努力实现四川标准"走出去"。[1] 交通运输部组织开展"云南周边国家国际道路运输标准对比研究""21 世纪海上丝绸之路航运安全示范平台"等课题研究。

（3）国家间跨国合作编制标准

中国也积极研究跨国合作编制标准相关机制。自 2002 年以来，东北亚标准合作会议每年举行一次，已经成为中日韩三国开展标准化合作的重要平台，助推区域标准化合作项目。截至 2017 年 12 月底，中国已与 21 个"一带一路"沿

---

1 中国质量报 http：//www.cqn.com.cn/zgzlb/content/2016-05/12/content_2914183.htm。

线国家签署了标准化合作协议；开展中法铁路、中英石墨烯、中俄油气和民用飞机等标准化合作；在铁路领域，与法国联合制定 3 项国际标准；在电动汽车领域，与德国成立标准化工作组；在直流充电领域，推动中国 3 项技术申报国际标准。

3.3.2　标准文本国际化程度的测量指标

3.3.2.1　中国标准英文版母语接近度

中国标准英文版母语接近度测量指标主要借助 Coh-Metrix 计算工具，通过构建中国标准英文版语料库与国际标准英文版语料库来研究中国标准英文版与国际标准英文版的语言特征。

Coh-Metrix 是一种计算工具，可以生成文本的语言和话语特征的指标。使用这些指标值，通过多种不同方式来研究具体文本的衔接性和文本心理特征的一致性。我们对衔接性的定义包括具体文本的特征，这些特征在帮助读者从思想上联系文中观点发挥一定作用（Graesser 等，2003）。从理论上讲，文本衔接性是由语言表征和知识表征之间的相互作用来决定的。但当我们把注意力放在文本时，衔接性可以表现为文本特征（即衔接性方面），这些特征可能有助于心理表征的衔接，包括描述性特征、文本易读性、指称衔接、潜语义分析、词汇多样性、连接词、情境模式、句法复杂性、句法模式密度、单词信息、可读性等 11 项指标。11 项指标之下有 108 项子指标。

（1）描述性特征

描述性特征指标帮助用户检查 Coh-Metrix 输出结果，确保数字有意义，解释数据模式。描述性特征指标包括的子指标见表 3-2。

（2）文本易读性

文本易读性指标提供了文本易读性（难度）更为完整的图像，通过文本的语言特征体现出来。Coh-Metrix 提供多层次语言和话语的文本特征指标，超越了传统的可读性指标。此外，它们与文本理论和话语理解完全一致（Graesser 等，1994；Graesser 和 McNamara，2011；Kintsch，1998；McNamara 和 Magliano，2009）。标准文本易读性的指标及其描述见表 3-3。

（3）指称衔接

指称衔接是指局部句子之间的内容词重叠，作为一种语言线索，可以帮助

表 3-2 标准英文文本描述性特征指标及其描述

指标	指标描述
段落数	文本中的段落总数。段落简单地由硬回车界定。
句子数	文本中的句子总数。所有句子由 OpenNLP 句切分工具来识别。
单词数	文本中的单词总数。使用 Charniak 语法分析器计算单词。对于每个句子，Charniak 语法分析器生成一个分析树，其中包含用于子句、短语、单词和标点符号的词性标注。分析树叶子上的元素是被标注的单词或标点符号。在 Coh-Metrix 中，单词就是句子分析树的叶子。
段落句子平均长度	文本中每个段落的平均句子数。段落越长，可能越难以处理。
段落句子平均长度标准差	文本中段落平均长度的标准偏差。标准差大表明文本在其段落长度方面变化大，它可能具有一些非常短和一些非常长的段落。短文本中存在标题会增加此指标值。为此，本研究将入库语料所有标题、目录、图表内容、缩写定义、参考文献均清理排除，以完整句子为单位进行整理。
句子平均单词数	文本中句子平均单词数。其中单词是由 Charniak 语法分析器标注词性。句子中单词越多，可能语法更复杂，并且可能更难理解。虽然这是一项描述性指标，但它也是我们常用的语法复杂性代名词。
句子平均单词数标准差	文本中句子平均单词数的标准差。标准差大表明文本在其句子单词数方面变化大，它可能具有一些非常短和一些非常长的句子。短文本中存在标题可能会影响这一指标。当作者从简短的人物话语转变为很长的场景描述时，叙事文本也可能具有句子长度的变化。
单词平均音节	文本中所有单词的平均音节。较短的单词更易于阅读，单词平均音节长度大概数常用作单词频率数。
单词平均音节标准差	文本中单词平均音节的标准差。标准差大表明文本在其单词长度方面变化大，它可能具有一些非常短和一些非常长的单词。
单词平均字母数	文本中所有单词的平均字母数。对读者而言，较长单词往往意味着阅读频率或熟悉程度较低。
单词平均字母数标准差	文本中单词平均字母数的标准差。标准差大表明文本在其单词长度方面变化大，它可能具有一些非常短和一些非常长的单词。

表 3-3　标准文本易读性的指标及其描述

指标	指标描述
叙事	叙事文本讲述了一个故事，包括读者熟悉的人物、事件、地点和事物。叙事与日常口头交谈密切相关，与词汇熟悉度、世界知识和口头语言密切相关。
句法简洁性	反映了文本中句子包含较少单词、使用更简单熟悉的句法结构的程度，这些单词与结构理解难度较小。
单词具体性	文本包含具体、有意义且唤起心理影像的内容词，更易于掌握和理解。抽象词概念难以在视觉上表现出来。文本的抽象词越多，越难以理解。
指称衔接	高指称衔接的文本，其单词和思想在句子和整个文本之间重叠，形成连接读者与文本的显式线程。低衔接性文本通常更难以理解，因为思想与读者之间的连接更少。
深层衔接性	反映了当文本存在因果关系和逻辑关系时，文本包含因果连接词和意向连接词的程度。这些连接词有助于读者对文本中的因果事件、过程和行为形成更一致、更深入的理解。当文本包含许多关系但不包含连接词时，读者必须推断文本中各种观点之间的关系。如果文本具有很高的衔接性，那么这些关系和整体衔接性就会更加清晰。
动词衔接性	反映了文本中动词重叠的程度。当存在重复动词时，文本可能包括更一致的事件结构，这将促进和增强情境模型理解。这一组件指数值可能与针对年轻读者的文本和叙事文本更为相关。
连接性	反映了文本包含明确的转折词、附加词和比较连接词的程度，表达文本中关系；反映了明确传达的文本中逻辑关系的数量。这个指数值可能与读者深入理解文本各种关系相关。
时间性	文本包含更多关于时间性的提示并且具有更一致的时间性（即时态），更容易掌握和理解。此外，时间衔接性有助于读者的情境模型水平理解文本中的事件。

读者在文本理解中将命题、从句和句子联系起来（Halliday 和 Hasan，1976；McNamara 和 Kintsch，1996）。通过评估连续相邻句子之间的重叠来测量局部衔接性，通过测量段落或文本中所有句子之间的重叠来评估全局衔接性。标准文本指称衔接的指标及其描述见表 3-4。

（4）潜语义分析

潜语义分析（LSA）提供句子之间或段落之间语义重叠的指标。Coh-Metrix 3.0 提供 8 个 LSA 指标（见表 3-5），从 0（低衔接性）到 1（高衔接性）进行变化。

表 3-4　标准文本指称衔接的指标及其描述

指标	指标描述
名词重叠	这是用名词表示句子之间局部和全局重叠的指标。相邻名词重叠表示文本中从一个句子回到前一个句子具有名词重叠的平均句子数。在指称衔接中，名词重叠是最严格的，在某种意义上，名词必须在形式和复数性上完全匹配。虽然局部重叠仅考虑相邻句子，但全局重叠考虑每个句子与其他句子的重叠。
参数重叠	这些局部和全局重叠指标与名词重叠指标类似，但包括名词和代词在句子之间的重叠。当一个句子中的名词与另一个句子中的同一个名词（单数或复数形式）之间存在重叠时，会发生参数重叠；当两个句子之间存在匹配的人称代词时（例如，he/he），也会发生这种情况。术语"参数"用于语言学意义，其中名词/代词参数与动词/形容词谓词形成对比（Kintsch 和 Van Dijk，1978）。与名词重叠相比，参数重叠并不那么严格，因为它考虑了 cells 和 cell 这样的重叠。参数重叠和词干重叠也包括代词之间的重叠，如 it 重叠 it，he 重叠 he，不包括名词重叠。
词干重叠	这些局部和全局重叠指标放宽了名词重叠和参数重叠指标所持有的名词约束。一个句子中的名词与前一句子中的内容词（即名词、动词、形容词、副词）相匹配，该句子有一个共同的词根（例如，tree/treed；mouse/mousey；price/priced）。
内容词重叠	考虑了句子对之间重叠的显式内容词的比例。例如，如果句子对具有较少的单词且两个单词重叠，则该比例大于具有多个词但只有两个词重叠的句子对的比例。该指标包括局部和全局指标，还包括其标准差。当文本中句子的长度是主要关注点时，该指标可能特别有用。
回指重叠	考虑了句子对之间的回指重叠。如果后一句所含代词引用前一句中的代词或名词，则这一句子对具有回指重叠。每对句子的指数值是二元的，即 0 或 1。文本中这一指标指的是句子对指数值的平均值。该指标包括局部和全局指标。

表 3-5　标准文本潜语义分析的指标及其描述

指标	指标描述
相邻句子 LSA 重叠	计算相邻的、句对句单元的平均潜语义分析（LSA）余弦值，测量每一句与下一句的概念相似度。
相邻句子 LSA 重叠标准差	计算相邻的、句对句单元的 LSA 余弦值标准差，测量连续相邻句子如何在语义上重叠。
所有句子 LSA 重叠	与相邻 LSA 句一样，该指标计算平均 LSA 余弦值。但这一指标考虑所有句子组合，而不仅仅是相邻句子。相邻 LSA 句子重叠指标计算文本中每个句子与其他句子的概念相似度。

续表 3-5

指标	指标描述
所有句子 LSA 重叠标准差	该指标计算段内所有 LSA 句余弦值的标准差。
相邻段落 LSA 重叠	该指标计算相邻段落之间 LSA 余弦值的平均值。
相邻段落 LSA 重叠标准差	该指标是相邻段落之间 LSA 余弦值的标准差。
句子平均所与性	每个句子的平均所与性。
句子平均所与性标准差	每个句子所与性的标准偏差。

（5）词汇多样性

词汇多样性是指文本中出现的唯一单词（类符）与文本全部单词数（形符）之比。当单词类符数量等于总单词数（形符）时，所有单词均不同。在这种情况下，词汇多样性最大，且文本衔接性可能非常低，或文本非常短。文本中存在大量不同单词表示需要将新单词整合到话语语境中。相比之下，文本中多次使用的单词越多，词汇多样性就越低（衔接性越高）。标准文本词汇多样性的指标及其描述见表 3-6。

表 3-6　标准文本词汇多样性的指标及其描述

指标	指标描述
类符 / 形符比	类符 / 形符比（TTR）（Templin, 1957）是唯一单词（称为类符）数量除以这些单词的形符数。文本中每个唯一单词都被视为单词类符。具体单词的出现一次记为一个形符。例如，如果单词 dog 在文本中出现 7 次，则其类符值为 1，而其形符值为 7。当类符 / 形符比接近 1 时，每个单词在文本中只出现一次；理解应该比较困难，因为许多唯一单词需要在话语语境中进行解码与整合。随着类符 / 形符比降低，文本中单词会重复多次，这样可以增加文本处理的简便性和速度。类符 / 形符比针对内容词进行计算，不针对功能词。当对比长度相似的文本时，TTR 指数值最有价值。
所有单词的类符 / 形符比	所有单词的类符 / 形符比。
所有单词文本词汇多样性	所有单词的 MTLD 词汇多样性指标。
所有单词计算词汇多样性	所有单词的 VOC 词汇多样性指标。

（6）连接词

连接词在思想和条款之间创造紧密联系方面发挥了重要作用，并提供文本组织的线索（Cain 和 Nash, 2011; Crismore 等, 1993; Longo, 1994; Sanders 和 Noordman, 2000; Van de Kopple, 1985）。Coh-Metrix 为所有连接词及不同类型的连词提供发生率指数值（每千字出现次数）。连接词的指标及其描述见表 3-7。

表 3-7　连接词指标及其描述

指标	指标描述
所有连接词	所有连接词的发生率。
因果关系连词	因果连词的发生率指数值。在各类连词中，只有因果连词区分高衔接性文本和低衔接性文本，大概因为创建文本的研究人员主要操纵因果衔接，而非附加、时间或解释性接词。
逻辑连词	逻辑连词的发生率指数值。
转折 / 对比连词	转折 / 对比连词的发生率指数值。
时间连词	时间连词的发生率指数值。
扩展时间连接词	扩展时间连接词的发生率指数值。
附加连词	附加连词的发生率评分。
正向连词	正向连词的发生率指数值。
负向连词	负向连词的发生率指数值。

（7）情境模式

研究人员已经将情境模式应用于话语加工和认知科学之中，研究明确词很多的文本中，心理表征水平如何（Van Dijk 和 Kintsch, 1983; Graesser 和 McNamara, 2011; Graesser 等, 1994; Kintsch, 1998; Zwaan 和 Radvansky, 1998）。有些研究人员根据激发给定背景时理解者心理活动表现出来的特征描述情境模式（Singer 和 Leon, 2007）。情境模式的指标及其描述见表 3-8。

（8）句法复杂性

句法理论将单词划分单词信息（如名词、动词、形容词、连词），将单词组成短语或句子成分（名词短语、动词短语、介词短语、从句），并构造句子的句法树结构。例如，一些句子很短，并且具有遵循"行动者—行动—对象"

表 3-8　情境模式的指标及其描述

指标	指标描述
因果动词	因果动词的发生率指数值。
因果内容	文本中因果动词和因果小品词的发生率。
意向性内容	意向性行为、事件和小品词（每千字）的发生率。
因果衔接性	因果小品词（P）与因果动词（V）的比率。分母值增加 1，以处理文本中有 0 个因果动词的罕见情况。当文本具有许多因果动词（表示事件和动作）时，衔接性会受到影响，但很少有因果小品词表明事件和行为是如何联系的。
意向性衔接性	意向性小品词／意向性行动／事件的比率。
LSA 动词重叠	动词之间的潜语义（LSA）重叠。
WordNet 动词重叠	动词之间的 WordNet 重叠。
时间衔接性	这是时态的重复指数值。时的重复指数值与态的重复指数值进行平均处理。

语法模式的简单句法，几乎没有嵌入子句，并且具有主动语态，没有被动语态。有些句子具有复杂的嵌入句法，可能会加重工作记忆负担。当句子较短，主句主动词前单词较少，且名词短语的单词较少时，文本中的句法更易于处理。句法复杂性的指标及其描述见表 3-9。

（9）句法模式密度

通过特定句法模式、单词类型和短语类型的密度来判定句法复杂性。Coh-Metrix 提供有关名词短语、动词短语、状语短语和介词的发生率信息。可以预期这些发生率的相对密度会影响文本的处理难度，特别是对于文本中的其他特征。如果文本的名词和动词短语发生率较高，则更可能是信息密集且语法复杂。句法模式密度的指标及其描述见表 3-10。

（10）单词信息

单词信息是指每个单词被赋予句法单词信息的思想，因此句法类别被划分为内容单词（例如名词、动词、形容词、副词）和功能词（例如介词、限定词、代词）。许多单词可以划分为多个句法类别。例如，单词 "bank" 可以是名词（"river bank"）、动词（"don't bank on it"）或形容词（"bank shot"）。Coh-Metrix 根据句法上下文为每个单词分配一个词性分类。此外，Coh-Metrix 计算词频指数

表3-9 句法复杂性的指标及其描述

指标	指标描述
主动词前单词	句子主句中主动词前的平均单词数。这是工作记忆负荷的良好指标。
名词短语修饰词	每个名词短语的平均修饰词数。
词性最小编辑距离	从词性标注计算出的相邻句子间的平均最小编辑距离指数值。注意：在两个句子中的词性标注进行编辑操作，而不是在两个单词中的字母上进行编辑操作。
所有单词最小编辑距离	从单词计算出的相邻句子间的最小编辑距离指数值。注意：在两个句子中的单词进行编辑操作，而不是在两个单词中的字母上进行编辑操作。
词根最小编辑距离	从词根计算出的相邻句子间的最小编辑距离指数值。注意：在两个句子中的词根进行编辑操作，而不是在两个单词中的字母上进行编辑操作。
相邻句法结构相似性	所有相邻句子间的交叉树节点的比例。
全部句法结构相似性	所有句子之间、段落之间的交叉树节点的比例。

表3-10 句法模式密度的指标及其描述

指标	指标描述
名词短语	名词短语的发生率指数值。
动词短语	动词短语的发生率指数值。
状语短语	状语短语的发生率指数值。
介词短语	介词短语的发生率指数值。
无施事被动语态	无施事被动语态的发生率指数值。
否定密度	否定表达的发生率指数值。
动名词密度	动名词的发生率指数值。
不定式密度	不定式的发生率指数值。

值和心理等级。单词信息的指标及其描述见表3-11。

（11）可读性

评估难度文本的传统方法包括各种可读性公式。多年来已经开发了40多种可读性公式（Klare，1974）。最常见的公式是 Flesch Reading Ease Score 和 Flesch-Kincaid Grade Level。可读性的指标及其描述见表3-12。

表 3-11　单词信息的指标及其描述

指标	指标描述
名词	名词的发生率指数值。
动词	动词的发生率指数值。
形容词	形容词的发生率指数值。
副词	副词的发生率指数值。
人称代名词	每千字人称代词数。如果读者不知道代词之所指，高密度代词会产生指称衔接问题。
第一人称单数代词	第一人称单数代词的发生率指数值。
第一人称复数代词	第一人称复数代词的发生率指数值。
第二人称代词	第二人称代词的发生率指数值。
第三人称单数代词	第三人称单数代词发生率指数值。
第三人称复数代词	第三人称复数代词的发生率指数值。
内容词平均词频	内容词的平均词频。
所有单词平均词频	所有单词的平均词频。
句子中平均最小词频	句子中的平均最小词频。
习得年龄	Coh-Metrix 包括 MRC 的习得年龄，MRC 由 Gilhooly 和 Logie（1980）编制，共 1 903 个唯一单词。习得年龄这一概念反映了一些词语比其他词语更早出现在儿童语言中。习得年龄较高的单词表示儿童通过口头学习该单词的时间越晚。
熟悉性	对成年人而言，某一具体单词对成年人的熟悉程度。具有更熟悉单词的句子指的是相关单词可更快处理。MRC 提供 3 488 个独立单词的评级。Coh-Metrix 提供文本中内容词平均评级。熟悉度评定者使用 7 分制评分，其中 1 分为他们从未见过的单词，7 分为他们经常看到的单词（几乎每天）。评级乘以 100 并四舍五入为整数。
具体性	一个单词具体或非抽象的指标。更具体的词是你可以听到、尝到或摸到的东西。MRC 提供 4 293 个独立单词的评级。Coh-Metrix 提供文本中内容词平均评级。
可想象性	MRC 合并评级还提供了构建单词的心理图像如何易于构建的指标，提供 4 825 个单词的评级。Coh-Metrix 提供文本中内容词平均评级。

续表 3-11

指标	指标描述
意义性	这是 Toglia 和 Battig（1978）在科罗拉多州开发的语料库中的意义性评级。MRC 提供 2627 个单词的评级。Coh-Metrix 提供文本中内容词平均评级。与 abbess（218）相比，更有意义性的单词是 people（612）。具有较高意义性指数值的单词与其他单词（例如，people）高度相关，而低意义分数表示该单词与其他单词弱相关。
多义词	多义词指的是一个单词具有多个词义（核心意义）。例如，bank 一词至少有两种意义，一种是指用于存款的建筑物或机构，另一种是指河流的一侧。Coh-Metrix 为文本中的内容词提供平均多义性。WordNet 中的多义词关系基于同义词（即相关词汇项的组），其用于表示相似概念但区分同义词和词义（Miller 等，1990）。这些同义词允许区分词义并提供确认与单词相关的词义数量的依据。Coh-Metrix 报告文本中所有内容词的平均 WordNet 多义词值。多义词被认为是文本模糊性的指标，因为一词语义越多，词汇解释的可能性越大。但更频繁的词也倾向于具有更多的语义，因此文本中多义词值越高，可能反映了存在更高频率词。
上下位关系	Coh-Metrix 还使用 WordNet 来报告单词上下位关系（即单词特殊性）。在 WordNet 中，每个单词位于层级量表上，允许测量目标词之下的下级词数量和目标词之上的上级词数量。因此，entity 作为名词 chair 的可能上位词，将被赋予 number 1。与 chair 概念相关的所有其他可能的 entity 下位词（如 object, furniture, seat, chair, camp chair, folding chair）将获得更高的赋值。为动词分配类似的值（例如，hightail, run, travel）。因此，较低值反映了较少特定单词的总体使用，而较高值反映了更具体单词的整体使用。Coh-Metrix 提供名词上位词、动词上位词以及名词动词组合上位词的估计数。

表 3-12 可读性的指标及其描述

指标	指标描述
Flesch 易读性	Flesch 易读性公式的输出结果是 0 到 100 之间的数字，指数值越高表示阅读越容易。一般文件的 Flesch 易读性指数值在 6 到 70 之间。
Flesch-Kincaid 年级水平	这种更常见的 Flesch-Kincaid 年级水平公式将阅读舒适度分数转换为美国小学水平。数字越大，阅读文本就越困难。年级水平为 0~12 范围内。
第二语言可读性	第二语言可读性指数值。

3.3.2.2　中国标准文本国际化强度

《标准联通共建"一带一路"行动计划 2018—2020 年》提出持续提升中国标准与国际标准体系一致化程度。根据 2001 年 12 月 4 日国家质量监督检验检疫总局发布的《采用国际标准管理办法》[1] 相关规定，中国目前采用国际标准的方法包括等同采用、修改采用两种方式。但由于历史遗留原因，被《采用国际标准管理办法》所替代的《采用国际标准和国外先进标准管理办法》（1993 年 12 月 13 日国家技术监督局发布）[2] 规定国际采标分为等同采用、等效采用和非等效采用，当前部分等效采用和非等效采用的中国标准尚处于有效期内，没有进行修订，因而在中国国际采标标准存量中出现了等同采用、等效采用、非等效采用、修改采用四种模式，另外有部分标准为参考采用国际标准（归入非等效采用），加上翻译本国自有标准英文版，本书将遵从这五种模式来研究中国标准文本国际化强程度。

（1）等同采用国际标准的中国标准

根据《采用国际标准管理办法》的规定，等同采用指与国际标准在技术内容和文本结构上相同，或者与国际标准在技术内容上相同，只存在少量编辑性修改，意味着遵循等同采用的国际标准与相关中国标准具有同等效力，中国标准与相关国际标准保持一致，这是中国标准文本国际化最直接的方式，其国际化权重等同于国际标准。中国标准馆馆藏采标国家标准题录信息显示，截至 2017 年底，全国现行国家标准中等同采用国际标准为 5 918 项。

（2）等效采用国际标准的中国标准

根据《采用国际标准和国外先进标准管理办法》的规定，等效采用指主要技术内容相同，技术上只有很小差异，编写方法不完全相对应。等效采用与等同采用国际标准效力一致，其国际化权重等同于国际标准。中国标准馆馆藏采标国家标准题录信息显示，截至 2017 年底，全国现行国家标准中等效采用国际标准为 787 项。

（3）修改采用国际标准的中国标准

根据《采用国际标准管理办法》的最新规定，修改采用指与国际标准之间

---

1 中国标准化管理委员会 http://www.sac.gov.cn/sbgs/flfg/gz/xzgz/201609/t20160909_216635.htm。

2 人民网法规库 http://www.people.com.cn/item/flfgk/gwyfg/1993/405002199305.html。

存在技术性差异，并清楚地标明这些差异以及解释其产生的原因，允许包含编辑性修改。修改采用不包括只保留国际标准中少量或者不重要的条款的情况。修改采用时，中国标准与国际标准在文本结构上应当对应，只有在不影响与国际标准的内容和文本结构进行比较的情况下才允许改变文本结构。通过对比中国标准与国际标准不同之处，将不同之处翻译为英文版，而相同之处保留国际标准英文原文即可。本研究需通过抽样调查获取修改采用国际标准平均所需翻译的比例，再依据英语接近度指标测算出来的翻译质量系数，计算修改采用标准的国际化强度权重。中国标准馆馆藏采标国家标准题录信息显示，截至 2017 年底，全国现行国家标准中修改采用国际标准为 3 298 项。

（4）非等效采用（包括参照采用）国际标准的中国标准

根据《采用国际标准和国外先进标准管理办法》的规定，非等效采用指中国标准与国际标准的技术内容有重大差异。《采用国际标准管理办法》对"非等效采用"做了进一步说明，非等效采用指与相应国际标准在技术内容和文本结构上不同，它们之间的差异没有被清楚标明。非等效采用还包括在中国标准中只保留了少量或不重要的国际标准条款的情况。另外，我国还存在参照采用国际标准制定国家标准，也明确写入标准前言当中。非等效采用（包括参照采用）明确了相关中国标准在编制时参考了国际标准，虽然没有清楚标明差异，但在翻译时可利用相关国际标准进行参考，相当于获得了最具有参考价值的平行语料，有利于译员提升翻译质量，较自有标准直接翻译为英文版质量更有保证，可以理解为其翻译质量高于自有标准英文版。中国标准馆馆藏采标国家标准题录信息显示，截至 2017 年底，全国现行国家标准中非等效采用国际标准为 1 056 项，参照采用国际标准为 354 项。

（5）自有标准英文版翻译

《标准联通共建"一带一路"行动计划（2018—2020 年）》提出成体系部署中国标准外文版制定计划或任务不少于 1 000 项。《国家标准外文版管理办法》[1]鼓励国家标准制修订工作与国家标准外文版翻译工作同步开展，鼓励各企业、事业单位和社会团体提出国家标准外文版工作建议或承担翻译工作。对于自有标准英文版的国际化权重，为中国标准英文版母语接近度指标。中国标

---

1 国家标准化管理委员会 http://www.sac.gov.cn/szhywb/sytz/201609/t20160901_214926.htm。

准馆馆藏采标国家标准题录信息显示，截至 2017 年底，全国现行国家标准共计 34 248 项，其中全国标准信息公共服务平台数据显示翻译为英文的国家标准 470 项，[1] 加上等同采用、等效采用、修改采用、非等效采用（包括参照采用）的现行标准数 11 413 项，总计 11 883 项，占比 34.70%。根据日本工业标准协会网站统计数据，[2] 截至 2017 年 12 月 31 日，JIS 现行标准总计 10 622 项，其中等同采用国际标准占比 39%，修改采用国际标准占比 59%，非等效采用国际标准占比 2%，总计 100%，修改采用与非等效采用标准均通过日本标准化协会（JSA）翻译与发布英文版。日本标准化协会明确提出，所有日本工业标准英文版翻译均为了国际贸易服务。如果中国标准英文版翻译率提高，将有助于中国国际贸易的发展。

3.3.2.3　中国标准文本国际化效度

中国标准文本国际化效度是指中国标准外文版是否具备中文版的同等效力。由于英语是世界通用语，用英语编制的标准具有优越性，可全球通用。以美国试验材料协会（ASTM）标准为例，全文用英文起草，全世界用户在 ASTM 标准后，均可学习与使用。如果中国标准英文版具有中文版等同效力，将极大有利于中国标准全球推广。就目前而言，中国标准英文版尚未具有中文版同等效力。与之相对的，日本标准（JIS）和德国标准（DIN）英文版也均供参考之用，不具备与本国标准同等效力。

3.3.2.4　中国标准文本国际化速度

中国标准文本国际化速度是指在对应国际标准发布后平均多长时间被采用为中国标准，或中国标准在发布中文版后平均多长时间翻译为英文版。

3.3.3　标准使用国际化程度的测量指标

标准使用国际化程度具体测算的 11 项三级指标，包括本国企业境外项目采用本国标准、外国企业项目采用本国标准、两国或多国标准互认协议签约、按照本国标准进行检验被他国认可、他国等同采用本国标准、他国修改采用本国标准、他国非等效采用本国标准、他国编制标准时明确参照采用本国标准、由本国在他国建立本国标准示范基地、由他国在他国利用本国标准建立示范基

---

1 全国标准信息公共服务平台 http：//www.std.gov.cn/gfs/query。

2 http：//www.jisc.go.jp。

地、在他国或国际设立本国标准办事处。将三级指标赋值与最终权重进行汇总计算，算出二级指标的数值；对于二级指标数值与最终权重进行汇总计算，算出一级指标的数值。

3.3.3.1　境外项目本国标准采用度

（1）本国企业境外项目采用本国标准

这是体现标准使用国际化最浅层次的实践。本国企业本身就谙熟本国标准，但在其境外项目中使用本国标准却存在诸多不易。在尚未建设标准体系的国家，可能流行欧美标准，对采用中国标准存在一定阻力；在发达的欧美国家，其境外项目则需要满足当地标准要求，往往是等同或高于国际标准。中国标准走出去的实践是"以资金带技术，以技术带标准"模式，在欠发达国家的部分援建项目中采用中国标准。比如中国交通设计施工企业在巴基斯坦和孟加拉国部分工程采用了中国标准，其他大部分国家多采用本国标准（如哈萨克斯坦、印度尼西亚）或欧美标准（如塔吉克斯坦、喀麦隆、斯里兰卡、文莱等）。

（2）外国企业项目采用本国标准

这是标准使用国际化的真正体现。《标准联通共建"一带一路"行动计划（2018—2020年）》提出制定推进"一带一路"建设相关领域中国标准名录，推动中国标准在"一带一路"建设中的应用。在石油天然气、核电等产能合作重点领域，在工程项目设计研发、原料采购、生产加工、检验检测和售后服务等各环节引导和帮助企业积极采用科学适用的标准体系，助推国际产能合作重点项目落地。

3.3.3.2　标准国际互认度

（1）两国或多国标准互认协议的签约

《深化标准化工作改革方案》提出要推动与主要贸易国之间的标准互认。《标准联通共建"一带一路"行动计划（2018—2020年）》提出努力推动与沿线国家新发布一批互认标准，在双边贸易发展、科技进步和产业转型升级的重点领域，推动国家间标准化主管机构开展标准互换互认和标准比对工作，努力提高标准一致性程度。持续推进标准互换互认，进一步扩大标准交换范围，开展交换标准的翻译、比对和适用性分析验证工作，形成全面的互认标准目录。进一步推进与英国、法国等在铁路、农业食品、电子医疗、老年经济、城市可持续发展、智慧城市等领域的标准一致性提升合作，促进国家间标准体系相互兼容。针对重点消费品，面向主要贸易国家和沿线重点国家，到 2020 年，完成 300 个重点消费品标准约 500 项技术指标的比对工作；积极引进国际标准和国外先进标准，加快转化重要国际标准 200 余项，全面推进与主要贸易国家的标准互认工作，发布外文版的中国消费品标准。截至 2017 年 12 月底，国家标准委已与英国、法国等 21 个沿线国家签署了标准化互认合作协议。

（2）按照中国标准进行检验被他国认可

2017 年 5 月 10 日，国家推进"一带一路"建设工作领导小组办公室发布了《共建"一带一路"：理念、实践与中国的贡献》，[1] 其中专门强调了认证认可在衔接质量技术体系、促进贸易便利化和基础设施互联互通等方面的作用。提出中国将与"一带一路"沿线国家共同努力，促进计量标准"一次测试、一张证书、全球互认"，推动认证认可和检验检疫"一个标准、一张证书、区域通行。"

3.3.3.3 他国采用中国标准度

《标准联通共建"一带一路"行动计划（2018—2020 年）》[2] 提出在建材、纺织、钢铁、有色金属、农业、家电等优势产能领域，帮助沿线重点国家完善标准体系，提供标准化信息服务；在航空、船舶、工程机械等装备制造领域，联合沿线国家共同制定国际标准，完善国际标准体系建设。

（1）他国等同采用中国标准

他国等同采用中国标准是指该国标准与中国标准在技术内容和文本结构上相同，或者与中国标准在技术内容上相同，只存在少量编辑性修改，意味着遵循等同采用的中国标准与相关他国标准具有同等效力，中国标准与相关他国标准保持一致。

（2）他国修改采用中国标准

修改采用是指他国标准与中国标准之间存在技术性差异，并清楚地标明这些差异以及解释其产生的原因，允许包含编辑性修改。

（3）他国非等效采用中国标准

非等效采用是指他国标准与中国标准的技术内容有重大差异，技术内容和

---

1 中国网 http：//www.china.com.cn/news/2017–05/11/content_40789833_2.htm。
2 国家标准化管理委员会 http：//www.sac.gov.cn/zt/ydyl/bzhyw/201801/t20180119_341413.htm。

文本结构上不同，彼此间差异没有被清楚标明。

（4）他国编制标准时明确参照采用中国标准

他国在编制标准时参考了相关中国标准，虽然没有清楚标明差异，但是有利于扩大中国标准在该国的影响力。比如，2017年5月1日，蒙古宣布执行最新国家标准 MNS 0179—2016《白酒和特定酒通用技术要求》。在这项新标准中，GB/T 18356—2007《地理标志产品 贵州茅台酒》中的53% vol 茅台酒指标被蒙古采用，这是蒙古首次采用中国酒类标准指标，进一步推进中国标准被蒙古引用转化，破解中蒙贸易的技术性壁垒。

3.3.3.4 标准海外示范度

（1）由中国在他国建立本国标准示范基地

《标准联通共建"一带一路"行动计划（2018—2020年）》提出在工业、农业和服务业等领域打造一批海外标准化示范项目，实施一批援外标准化培训项目。开展国际产能标准合作示范，围绕工程机械、农业机械等装备，建设标准海外应用示范项目。推进全球能源互联网标准化合作示范，开展蒙古、俄罗斯、巴基斯坦等跨国电网互联领域标准需求分析，推动制定双边或多边跨国电网互联的国际组织标准，并在跨国联网工程中应用。强化东盟农业标准化示范区建设，在粮食、茶叶、果蔬、棉花等大宗、特色农产品领域，示范推广种子种苗、植物品种保护、种植（养殖）管理、农产品质量分级、农产品流通、农业投入品、农机装备等标准。

（2）由他国在他国利用中国标准建立示范基地

《标准联通共建"一带一路"行动计划（2018—2020年）》提出在电力、铁路、船舶、家电、冶金、中医药等领域，加速科技成果转化，加强技术标准研制，加快完善标准体系，提升标准先进性和系统性，建立重点标准走出去项目库，推动建设标准化海外示范工程，加强境外产业园区、经贸园区标准化建设。

（3）在他国或国际设立中国标准办事处

王立非、蒙永业（2016）认为中国标准"走出去"需要更多中国标准驻外办事处，如驻外国大使馆、领事馆的某个部门，或独立设置机构。中国标准办事处对外宣传、推广中国标准，服务境外机构，从战略层面上支持中国标准真

中国标准国际化研究

正"走出去"。

3.3.4　标准活动国际化程度的测量指标

标准活动国际化程度具体测算 14 项三级指标，即与国外标准机构共同制定区域性标准、组织实施标准化合作项目，成立跨国标准化交流互鉴机制，担任国际标准组织中央管理机构的官员或委员，担任国际标准组织技术机构负责人，承担国际标准组织技术机构秘书处工作，担任工作组召集人或注册专家，承担国际标准组织技术机构的国内技术对口单位工作，参加国际标准组织的国际会议，承办国际标准组织的国际会议，加入国际标准组织 TC、SC 数量，提出国际标准新工作项目，主持国际标准制修订工作，参加国际标准制修订工作。将三级指标赋值与最终权重进行汇总计算，算出二级指标的数值；对于二级指标数值与最终权重进行汇总计算，算出一级指标的数值。

3.3.4.1　国内外标准化工作合作度

（1）与国外标准机构共同制定区域性标准

《标准联通共建"一带一路"行动计划（2018—2020 年）》提出在自贸区谈判中，积极推进标准协调一致。在亚太经合组织、太平洋地区标准大会等区域组织，积极倡导采用国际标准，提高与北美、日韩、东南亚等重点区域国家间标准的一致性。发达国家通过国际和地区标准化组织，积极主导国际和地区标准的制修订，将有国际化和区域性潜力的国家标准转化成国际标准和地区标准，如欧洲标准（EN）、非洲标准（SABS）等。中国也应积极加强区域标准化研究，推动建立区域标准化研究中心，促成编制区域性标准。

（2）组织实施标准化合作项目

《标准联通共建"一带一路"行动计划（2018—2020 年）》提出加快与俄罗斯、白俄罗斯、塞尔维亚等 12 个签署协议国家合作对接，推动将标准化纳入国家外交、科技、商务、质检等国家间合作框架协议。在交通基础设施方面，持续完善铁路、公路、水运、民航等技术标准体系，开展标准外文版制定。在能源基础设施方面，开展沿线国家油气管道标准分析研究，加强与俄罗斯、白俄罗斯、哈萨克斯坦等国家在电力、电网和新能源等领域的国际标准化合作，促进国家和地区间能源资源优化配置。在信息基础设施方面，倡导研制城市间信息互联互通标准，在沿线国家开展中国数字电视技术标准、中国巨幕系统和激光放映技术、点播影院技术规范的示范推广，推动联合开展本地化数字电视标准的制定。

（3）成立跨国标准化交流互鉴机制

《标准联通共建"一带一路"行动计划（2018—2020年）》的主要目标之一是标准化开放合作不断深化。巩固提高与欧洲、东盟、金砖国家、东北亚、北美、非洲、大洋洲等区域国家标准化合作水平，拓展延伸与中东欧、中亚、西亚、阿拉伯国家等区域标准化合作渠道，基本实现全面建成与"一带一路"沿线重点国家畅通的标准化合作机制。

3.3.4.2 国际组织任职数

（1）担任国际标准组织中央管理机构的官员或委员

指由中国代表担任国际标准化组织（ISO）、国际电工委员会（IEC）和国际电信联盟（ITU）主席、副主席或秘书长等职务。如时任鞍钢集团副董事长张晓刚在2015—2017年间担任ISO主席；中国华能集团有限公司现任董事长舒印彪从2013年至今一直担任IEC副主席，并将于2020—2022年担任IEC主席；赵厚麟于1986年经中国政府推荐被ITU录用，于2015年起至今担任ITU秘书长，并将连任至2022年。

（2）担任国际标准组织技术机构负责人

指由中国代表担任ISO、IEC和ITU技术委员会（TC）、分技术委员会（SC）主席或副主席职务。如中国船舶重工集团公司第七一四研究所所长李彦庆从2015年起担任国际标准化组织船舶与海洋技术委员会（ISO/TC 8）主席，任期六年。据《中国标准化年鉴2017》统计，截至2016年底，中国承担了ISO/IEC技术机构的59个主席。

（3）承担国际标准组织技术机构秘书处工作

指由中国机构承担ISO、IEC和ITU技术委员会（TC）、分技术委员会（SC）秘书处工作，一般秘书处秘书也由相应机构人员担任，负责该TC或SC日常工作。如国际标准化组织语言与术语技术委员会（ISO/TC 37）秘书处设在中国标准化研究院，该院副研究员周长青从2008年至今一直担任ISO/TC 37和ISO/TC 37/SC 1秘书。据《中国标准化年鉴2017》统计，截至2016年底，中国承担了

ISO/IEC 技术机构的 81 个秘书处。

（4）担任工作组召集人或注册专家

指由中国代表承担 ISO、IEC 和 ITU 标准工作组召集人或注册专家，参与制定标准。如中国标准化研究院服务标准化研究所副研究员曹俐莉从 2017 年至今一直担任 ISO/TC 232/WG 6 召集人，北京悦尔信息技术有限公司董事长蒙永业从 2017 年至今担任 ISO/TC 37/SC 5/WG 1 笔译标准工作组注册专家。据《中国标准化年鉴 2017》统计，截至 2016 年底，中国注册国际标准化专家超过 2000 人。

（5）承担国际标准组织技术机构的国内技术对口单位工作

在承担 ISO 和 IEC 技术机构的国内技术对口单位工作，以积极成员或观察员的身份参加技术机构的活动。技术对口单位工作既是中国参加 ISO/IEC 活动的主要工作内容，也是中国采用国际标准的一项重要基础工作。

3.3.4.3　国际组织活动参与度

（1）参加国际标准组织的国际会议

是指参加一年一度的 ISO、IEC、ITU 年会及各技术委员会年会等。如 2016 年 10 月 10—14 日，国际电工委员会大会在德国法兰克福举行，中国国家质监局副局长、IEC 中国国家委员会主席孙大伟、中国国家标准委副主任郭辉等参会，在会议期间举办多场双边标准化会谈，就智慧医疗、智慧家居等议题进行了讨论，探讨开展务实性合作。

（2）承办国际标准组织的国际会议

是指承办一年一度的 ISO、IEC、ITU 年会及各技术委员会年会等。如 2016 年 9 月 9—14 日由中国国家标准化管理委员会在北京承办 ISO 年会，习近平总书记发来贺信，李克强总理发言，国务院部际联席会议 38 个成员单位的主要负责人参加大会，大会制定并发布《ISO 2016—2020 年发展战略规划》，选举 ISO 下一任主席、副主席、理事会成员和秘书长，发布了《北京宣言》，扩大了中国影响。

（3）加入国际标准组织 TC、SC 数量

是指中国加入国际标准化组织技术机构（TC、SC），积极参加相关技术机构每年例行年会，参与相关技术机构标准起草、讨论、投票等活动。据《2013

中国标准化发展研究报告》统计，2013 年，中国加入 ISO TC/SC 数量为 715，加入 IEC TC/SC 数量为 174，合计 889。

3.3.4.4 国际标准制修订参与度

（1）提出国际标准新工作项目

是指在 ISO、IEC、ITU 标准工作组中提出起草国际标准的方案。《标准联通共建"一带一路"行动计划（2018—2020 年）》提出要积极参与家用电器、玩具、制鞋、纺织品、家具、烟花爆竹等消费品国际标准制修订。据《中国标准化年鉴 2017》统计，截至 2016 年底，中国向 ISO、IEC 提出的国际标准提案数量首次破百，达到 160 项，超过 2014 年与 2015 年提案的总和。

（2）主导国际标准制修订工作

是指由中国主导制定国际标准起草、修订工作。据《中国标准化年鉴 2017》统计，截至 2016 年底，中国主导制定国际标准 333 项，其中 ISO 标准 217 项，IEC 标准 116 项。

（3）参加国际标准制修订工作

指的是中国注册国际标准化专家参加国际标准制定、修订工作。据《中国标准化年鉴 2017》统计，中国积极参与 626 个 ISO 技术机构的活动，占所有技术机构的 89%。

3.4 本章小结

本章从标准编制国际化、标准文本国际化、标准使用国际化和标准活动国际化四个层面上构建了中国标准国际化指数的理论模型。在理论模型基础上，构想中国标准国际化指数指标体系，给出初设指标与相应权重；通过三轮德尔菲法专家访谈，重新建立最终指标体系与权重。在最终指标体系基础上，详细说明每一个指标的构成与依据。

4 | 研究设计

4.1 研究问题

本研究基于标准化英汉双语语料库及相关统计信息，整理中国标准国际化发展里程碑事件，根据理论基础和他人研究，重点回答以下三大问题：

1. 如何测量改革开放 40 余年来中国标准国际化的程度？改革开放 40 年来中国标准国际化有哪些特点与趋势？

1）40 余年来中国标准编制国际化呈现出怎样的特点和趋势？

2）40 余年来中国标准文本国际化呈现出怎样的特点和趋势？

3）40 余年来中国标准使用国际化呈现出怎样的特点和趋势？

4）40 余年来中国标准活动国际化呈现出怎样的特点和趋势？

2. 中国标准国际化程度对中国进出口贸易是否产生影响？影响程度如何？

1）中国标准国际化程度对我国贸易进出口总额是正向还是负向影响？

2）中国标准国际化程度对我国贸易进口额是正向还是负向影响？

3）中国标准国际化程度对我国贸易出口额是正向还是负向影响？

3. 对我国标准国际化今后发展有何对策性建议？

4.2 研究语料与数据

本研究获得国家标准化管理委员会、中国标准化研究院、国家标准馆的大力支持，获得了大量标准编制国际化、标准文本国际化、标准使用国际化与标准活动国际化的事件与统计数据。

　　本研究主要利用国家重点研发计划"国家质量基础的共性技术研究与应用"重点专项"中国标准走出去适用性技术研究（一期）"的标准化英汉双语语料库来研究国际标准英文版的语言特征，利用全国标准信息公共服务平台提供的国家标准英文版语料来研究中国标准英文版的语言特征。标准化英汉双语语料库包括 2 000 对中外标准，共计 4 000 万汉字、2 000 万英文单词，涵盖公路、海洋、航空航天、水运工程、动植物检疫、设施联通、贸易畅通等与"一带一路"息息相关的行业领域。中国国家标准英文版语料库涵盖现有正式出版的 200 项中国标准英文版，涉及电力、工程建设、铁路、核电、家用电器、电子设备等核心领域，共计 150 万单词，是目前能够收集到的最大的中国国家标准英文版语料库。本研究从标准化英汉双语语料库中提取 100 项具有代表性的英文版国际标准，从中国国家标准英文版语料库提取 76 项具有代表性的英文版中国标准，分别进行去噪处理，删除所有封面、前言、引言、目录、章节标题、图表标题与内容、公式、符号、参考文献等，只保留完整句子，分别构建英文版国际标准语料库和英文版中国标准语料库。

　　本研究采用 Coh-Metrix 统计工具中的描述性特征指标来提取两个语料库的统计信息。其中，英文版国际标准语料库共计 100 项标准，26 308 段，39 249 句，672 823 单词，平均每项标准 392.49 句，见表 4-1。

表 4-1　英文版国际标准语料库 100 项标准统计信息

项目	段数	句数	单词数
总计	26 308	39 249	672 823
平均数	263.08	392.49	6 728.23
最大值	1 927	2 344	37 791
最小值	2	3	85

　　英文版中国标准语料库共计 76 项标准，22 568 段，29 991 句，594 985 单词，平均每项标准 394.62 句，见表 4-2。英文版国际标准语料库和英文版中国标准语料库所收录的标准平均句子数偏差不到 1%，意味着所收录标准长度代表性比较均匀。

中国标准国际化研究

表 4-2　英文版中国标准语料库 76 项标准统计信息

项目	段数	句数	单词数
总计	22 568	29 991	594 985
平均数	296.947 4	394.618 4	7 828.75
最大值	2 309	3 051	77 387
最小值	6	9	168

本研究收集中国标准馆截至 2017 年底馆藏采标国家标准的题录信息（标准基本情况、采标情况、发布情况），总计 20 694 条，其中现行标准数据 11 413条，作废标准数据 9 281 条，相关统计信息见表 4-3。

表 4-3　中国标准馆 1997—2017 年底馆藏采标国家标准的题录信息

项目	统计量	备注
采标标准总数	20 694	
现行标准	11 413	
作废	9 281	
最早采标年份	1 977	GB 332—1977《六六六原粉》于同年修改采用 WHO/SIT/2R5—1977
最近采标年份	2 017	
等同采用	7 869	GB/T 4833.3—2008《多道分析器　第 3 部分：核谱测量直方图数据交换格式》等同采用 IEC 61455—1955
等效采用	3 648	
修改采用	3 640	
非等效采用	1 696	
参照采用	3 841	
ISO 采标数量	12 766	
IEC 采标数量	5 260	
ITU 采标数量	70	
平均滞后年数	8.61	最小为 0 年，最大为 53 年

本研究收集到国家统计局 1977—2017 年进出口统计数据（TR、EX、IM）见本书附表 2，用于研究中国标准国际化指数对进出口额的影响。2017 年中国进出口总额为 1977 年的 1 019.90 倍，出口总额为 1 097.50 倍，进口总额为 938.27 倍。

4.3　研究方法

4.3.1　语料库方法

目前国内学者采用 Coh-Metrix 进行研究均为登录 Coh-Metrix 官方网站，均通过 Coh-Metrix 在线工具进行统计分析。由于 Coh-Metrix 一次性统计 108 项指标，进度非常缓慢，因而网页版 Coh-Metrix 统计工具每次只能处理 15 000 字符，约 3 000 单词。为了研究英文版中外标准语言特征，本研究构建了超过 2 000 万单词的语料库，如果通过 Coh-Metrix 在线工具进行处理，将要进行近 7 000 次操作，理论上可行，但实践上显然时间成本过大。笔者联系 Coh-Metrix 开发团队，说明来意与处理数据量，得到 Coh-Metrix 开发团队的专项授权——使用 Coh-Metrix 内部使用的线下工具进行研究分析。Coh-Metrix 线下工具为单线程任务处理，每秒钟能处理 150 字节左右，因而笔者在尝试处理 10 万单词时，发现需要四五个小时才能输出结果。从时间成本上考虑，笔者最终历时 50 多小时通过 Coh-Metrix 线下工具处理了约 120 万单词语料。

采用 Coh-Metrix 3.0 软件研究中外标准英文版语言特征，包括描述性特征、文本易读性、指称衔接、潜语义分析、词汇多样性、连接词、情境模式、句法复杂性、句法模式密度、单词信息、可读性等 11 项指标。11 项三级指标之下有 108 项子指标。

4.3.2　计量模型方法

4.3.2.1　中国标准文本国际化指数的语言测量指标

通过语料库方法提取中外标准英文版的各类语言特征的对应值，通过 SPSS 19.0 软件进行描述性分析，分别获得 108 项中外标准英文版语言特征平均值，对 108 项中外标准语言特征平均值进行成对样本 T 检验，在此基础上计算中国标准英文版母语的接近度指标。

4.3.2.2 中国标准文本国际化指数的非语言测量指标

基于指数模型与权重计算中国标准文本国际化指数的内容指标，分为中国标准外文版母语接近度指标、中国标准文本国际化强度指标、标准文本国际化指标。其中，对于修改采用国际标准的中国标准，其中中国标准修改内容占比根据笔者长期标准翻译实践，统一设置为5%；对于非等效采用国际标准的中国标准（部分为参照采用），其中非等效内容占比根据笔者长期标准翻译实践，统一设置为50%。

4.3.3 统计方法

基于40年数据，定量描述统计分析中国标准国际化指数的发展趋势，采用EViews 9.0软件分析中国标准国际化指数对进出口总额、出口总额、进口总额的影响。

4.4 研究工具

4.4.1 语料加工工具

采用SDL Trados GroupShare 2017软件进行语料整理与对齐处理。

4.4.2 语料库统计工具

采用Coh-Metrix工具分析中外标准英文版的语言特征值。

4.4.3 统计工具

采用SPSS 19.0软件对中外标准英文版语言特征值进行描述性统计和成对样本T检验。

4.4.4 计量经济学工具

采用EViews 9.0软件测算中国标准国际化程度对进出口贸易的影响，使用单位根检验、协整检验、因果检验、误差修正模型及回归等分析。

4.5 中国标准国际化指数计算方式

中国标准国际化指数整合了标准编制国际化、标准文本国际化、标准使用国际化及标准活动国际化四个一级指标的测算。将各三级指标赋值与最终权重进行汇总计算，算出二级指标的数值；对二级指标数值与最终权重进行汇总计算，算出一级指标数值；对一级指标数值与最终权重进行汇总计算，算出中国标准国际化指数。

4.5.1　三级指标赋值说明（见表 4-4）

表 4-4　标准国际化三级指标及其赋值说明

三级指标	赋值说明
1.1.1.1　外方主导编制的标准数量（50%）	1 项标准计 1 分
1.1.1.2　外方享有国内机构同等待遇的程度（10%）	按照 10~100 赋分，所有外方（包括境外机构与个人）均享有同等待遇计 100 分
1.1.1.3　外方参与编制的标准数量（10%）	1 项标准计 1 分
1.1.1.4　外资机构代表国家参与编制国际标准的数量（30%）	1 项标准计 1 分
1.1.2.1　民间跨国合作编制标准（25%）	1 项标准计 1 分
1.1.2.2　城市间跨国合作编制标准（25%）	1 项标准计 1 分
1.1.2.3　国家间跨国合作编制标准（50%）	1 项标准计 1 分
1.2.1.1　描述性特征	
1.2.1.2　文本易读性	
1.2.1.3　指称衔接	
1.2.1.4　潜语义分析	
1.2.1.5　词汇多样性	
1.2.1.6　连接词	1.2.1 项下为单特征值，需统一评分
1.2.1.7　情境模式	
1.2.1.8　句法复杂性	
1.2.1.9　句法模式密度	
1.2.1.10　单词信息	
1.2.1.11　可读性	
1.2.2.1　等同采用国际标准为本国标准	10 项标准计 1 分

续表 4-4

三级指标	赋值说明
1.2.2.2 等效采用国际标准为本国标准	10 项标准计 1 分
1.2.2.3 修改采用国际标准为本国标准	10 项标准计 1 分
1.2.2.4 非等效采用（包括参照采用）国际标准为本国标准	10 项标准计 1 分
1.2.2.5 自有标准外文版翻译	10 项标准计 1 分
1.2.3.1 自有标准英文版是否具有母语版的效力	无同等效力为 0.5，有同等效力为 1
1.2.4.1 采标标准滞后年数	以平均滞后年数计算，滞后小于等于 2 年，系数为 1，滞后 2~4 年为 0.9，滞后 4~6 年为 0.8，滞后 6~8 年为 0.7，滞后 8~10 年为 0.6，滞后 10 年以上为 0.5
1.2.4.2 自有标准英文版发布滞后年数	以平均滞后年数计算，滞后小于等于 2 年，系数为 1，滞后 2~4 年为 0.9，滞后 4~6 年为 0.8，滞后 6~8 年为 0.7，滞后 8~10 年为 0.6，滞后 10 年以上为 0.5
1.3.1.1 本国企业境外项目采用本国标准（50%）	1 项标准计 1 分
1.3.1.2 外国企业项目采用本国标准（50%）	1 项标准计 1 分
1.3.2.1 两国或多国标准互认协议签约（50%）	1 份协议计 10 分
1.3.2.2 按照本国标准进行检验被他国认可（50%）	1 个国家计 10 分
1.3.3.1 他国等同采用本国标准（25%）	1 项标准计 1 分
1.3.3.2 他国修改采用本国标准（25%）	1 项标准计 1 分
1.3.3.3 他国非等效采用本国标准（25%）	1 项标准计 1 分
1.3.3.4 他国编制标准时明确参照采用本国标准（25%）	1 项标准计 1 分
1.3.4.1 由本国在他国建立本国标准示范基地（25%）	1 个基地计 1 分
1.3.4.2 由他国在他国利用本国标准建立示范基地（50%）	1 个基地计 1 分
1.3.4.3 在他国或国际设立本国标准办事处（25%）	1 个办事处计 1 分

续表 4-4

三级指标	赋值说明
1.4.1.1 与国外标准机构共同制定区域性标准（50%）	1 项标准计 1 分
1.4.1.2 组织实施标准化合作项目（25%）	1 个国家计 1 分
1.4.1.3 成立跨国标准化交流互鉴机制（25%）	1 个国家计 1 分
1.4.2.1 担任国际标准组织中央管理机构的官员或委员（30%）	1 人担任计 5 分，无计 0
1.4.2.2 担任国际标准组织技术机构负责人（30%）	估算数，1 人计 1 分，1 人若担任多个技术机构负责人则计多分
1.4.2.3 承担国际标准组织技术机构秘书处工作（20%）	估算数，1 个秘书处计 1 分
1.4.2.4 担任工作组召集人或注册专家（10%）	估算数，1 人计 0.1 分
1.4.2.5 承担国际标准组织技术机构的国内技术对口单位工作（10%）	估算数，1 个机构计 0.5 分
1.4.3.1 加入国际标准组织的数量（25%）	加入 1 个国际标准化组织（ISO/IEC/ITU）计 10 分
1.4.3.2 承办国际标准组织国际会议的数量（50%）	承办一届活动计 10 分
1.4.3.3 加入国际标准组织 TC、SC 数量（25%）	估算数，1 个机构计 0.5 分
1.4.4.1 提出国际标准新工作项目（20%）	估算数，1 项标准计 1 分
1.4.4.2 主导国际标准制修订工作（60%）	估算数，1 项标准计 1 分
1.4.4.3 参加国际标准制修订工作（20%）	估算数，1 项标准计 1 分（目前缺乏统计数据，以加入国际标准组织 TC、SC 数量 ×0.2 计算）

4.5.2 标准文本国际化指标的计算公式

第一步，通过 SPSS 19.0 统计软件对中国标准英文版和国际标准英文版语言特征指标值进行配对样本 T 检验，以（国际标准 – 中国标准）后所得差值的均值绝对值为中外标准的偏差，按照如下公式计算中国标准外文版母语接近度指标：

$$In_{\text{lang}}=1-\frac{|C_{\text{lang}}-I_{\text{lang}}|}{I_{\text{lang}}}$$

（公式 4-5-1）

式中，

In_{lang}——中国标准英文版母语接近度指标

C_{lang}——中国标准英文版语言特征指标

I_{lang}——国际标准英文版语言特征指标

第二步，计算中国标准文本国际化强度指标：

中国标准文本国际化强度指标 = { 等同采用标准数 + 等效采用标准数 + 修改采用标准数 × [（1- 中国标准修改内容占比）+ 中国标准修改内容占比 × In_{lang}] + 非等效采用标准数 × [（1- 中国标准非等效内容占比）+ 中国标准非等效内容占比 × In_{lang}] + 参照采用标准数 × [（1- 中外标准不同内容占比）+ 中外标准不同内容占比 × In_{lang}] + 自有标准英文版 × In_{lang} } × 0.1

（公式 4-5-2）

第三步，计算中国标准文本国际化指数：

中国标准文本国际化指数 = 中国标准文本国际化强度指标 × 中国标准文本国际化效度指标 × 中国标准文本国际化速度指标

（公式 4-5-3）

4.5.3 标准国际化指数计算

将各三级指标赋值与最终权重进行汇总计算，算出二级指标的数值；对二级指标数值与最终权重进行汇总计算，算出一级指标数值；对一级指标数值与最终权重进行汇总计算，算出中国标准国际化指数。

4.6 本章小结

本章从研究问题入手，详细介绍研究语料来源、研究方法与研究工具，最后构建指标赋分体系，详细提出所有三级指标赋分说明及标准文本国际化指标的特殊计算方式。在按权重汇总各指标赋值之后，便可算出中国标准国际化指数。下文第 5 章将详细测算 1977—2017 年间中国标准国际化指数。

5 | 中国标准国际化程度定量评价

改革开放以来，中国相继成为 ISO、IEC 常任理事国及 ITU 理事国，中国专家出任三大国际标准化机构领导职务，如 ISO 主席、IEC 主席、ITU 秘书长。中国主导、参与制定的国际标准越来越多。本章通过梳理 1977—2017 年中国标准国际化发展史和分析中外标准英文版语料库，从标准编制国际化、标准文本国际化、标准使用国际化和标准活动国际化四个维度分析中国标准国际化趋势，最终构建中国标准国际化指数，为中国标准国际化提供政策建议。

5.1 中国标准编制国际化定量评价

《深化标准化工作改革方案》指出，中国主导制定的国际标准仅占国际标准总数的 0.5%，"中国标准"在国际上认可度不高。在标准编制方面，2017 年发布了《外商投资企业参与我国标准化工作的指导意见》，确立了在中国境内合法设立的中外合资、中外合作和外资等企业与内资企业享有同等待遇参与中国标准化工作。《贯彻实施〈深化标准化工作改革方案〉重点任务分工（2017—2018 年）的通知》提出探索建立中外城市间标准化合作机制。《标准联通共建"一带一路"行动计划（2018—2020 年）》提出大力开展城市间标准化合作等。

如第 3 章所述，标准编制国际化包括国外利益相关方参与编制标准和跨国合作编制标准两个维度。由于处于标准化改革初步的发展阶段，许多方面需要尝试与摸索，中国标准编制国际化尚处于较低水平。

5.1.1 国外利益相关方参与编制标准的定量评价

（1）外方参与编制的标准占比

长期以来，在中国境内合法设立的中外合资、中外合作和外资等企业均有一定数量代表参与到国家标准编制当中。比如 2012 年 5 月 11 日发布的强制性国家标准《微型计算机能效限定值及能效等级》（GB 28380—2012）起草单位就包括英特尔（中国）有限公司。根据全国标准信息公共服务平台提供的统计数据，英特尔（中国）有限公司从 2010 年至今参与了 4 项国家标准起草工作，其中 2 项标准已经发布；微软（中国）有限公司从 2012 年至今参加 8 项国家标准起草工作，其中 7 项标准已经发布。

本研究在全国标准信息公共服务平台国家标准栏目，进行高级查询，将"起草单位"设定为"（中国）有限公司"（外资企业中国公司常用名称，有一定代表性，但可能有遗漏），共检索到 636 条数据。笔者随机打开 10 条数据，发现起草单位中均包含有外商投资企业，确定数据比较可靠，以此作为研究数据，除去 2018 年 97 条数据后，共计 539 条，汇总信息见表 5−1。

表 5−1　外商投资企业参与编制中国标准数量

年份	外资企业参与编制标准数
2006	7
2007	5
2008	22
2009	30
2010	5
2011	30
2012	26
2013	59
2014	40
2015	58
2016	60
2017	197
合计	539

（2）外资机构代表国家参与国际标准编制数量

当前缺乏相关统计数据，本研究将 1977—2017 年外资机构代表国家参与国际标准编制数量设为 0。

（3）外方主导标准编制的程度

迄今为止，未有报道显示外方主导编制过中国标准。因此，1977—2017 年间，外方主导中国标准编制数量为 0。

（4）外方享有国内机构同等待遇的程度

根据《外商投资企业参与我国标准化工作的指导意见》（以下简称《指导意见》）相关规定，在中国境内合法设立的中外合资、中外合作和外资等企业与内资企业享有同等待遇参与中国标准化工作，具备一定代表性。美国 ASTM 标准在编制时，标准组专家来自于世界各个国家，并且是以个人身份参与标准起草、评审、修订，虽然个人背后可能有机构或企业支持，但对 ASTM 标准组织而言，均体现为个人意志，而非国家意志或机构意志。中国标准编制则有明显主权标志，明确不包括境外个人专家、境外企业。由于《指导意见》发布于 2017 年 11 月，而本研究数据截止为 2017 年底，因此本研究不予采纳《指导意见》同等待遇相关规定。然而，早在 2005 年，国家标准化管理委员会就与德国西门子公司签订协议，实质性开展电工电子标准制定和研究合作项目。从 2007 年至今，西门子（中国）有限公司作为起草单位发布的国家标准已有 82 项，在起草中的标准还有 22 项。

本研究以 2006 年有第一项外方参与起草的国家标准对外发布算起，2006 年之前，外方享有国内机构同等待遇为 10 分，2006—2017 年为 50 分。

（5）国外利益相关方参与编制标准指标计算

根据 4.5.1 节三级指标赋值说明及上文（1）~（4）项对 1977—2017 年的评定情况，各项指数值汇总见表 5-2。

表 5-2 国外利益相关方参与编制标准指标的指数值表

年份	外方主导编制的标准数量（50%）	外资机构代表国家参与编制国际标准的数量（30%）	外方享有国内机构同等待遇的程度（10%）	外方参与编制的标准数量（10%）	指数值
1977	0	0	10	0	1
1978	0	0	10	0	1

中国标准国际化研究

续表 5-2

年份	外方主导编制的标准数量（50%）	外资机构代表国家参与编制国际标准的数量（30%）	外方享有国内机构同等待遇的程度（10%）	外方参与编制的标准数量（10%）	指数值
1979	0	0	10	0	1
1980	0	0	10	0	1
1981	0	0	10	0	1
1982	0	0	10	0	1
1983	0	0	10	0	1
1984	0	0	10	0	1
1985	0	0	10	0	1
1986	0	0	10	0	1
1987	0	0	10	0	1
1988	0	0	10	0	1
1989	0	0	10	0	1
1990	0	0	10	0	1
1991	0	0	10	0	1
1992	0	0	10	0	1
1993	0	0	10	0	1
1994	0	0	10	0	1
1995	0	0	10	0	1
1996	0	0	10	0	1
1997	0	0	10	0	1
1998	0	0	10	0	1
1999	0	0	10	0	1
2000	0	0	10	0	1
2001	0	0	10	0	1
2002	0	0	10	0	1

续表 5-2

年份	外方主导编制的标准数量（50%）	外资机构代表国家参与编制国际标准的数量（30%）	外方享有国内机构同等待遇的程度（10%）	外方参与编制的标准数量（10%）	指数值
2003	0	0	10	0	1
2004	0	0	10	0	1
2005	0	0	10	0	1
2006	0	0	50	7	5.7
2007	0	0	50	5	5.5
2008	0	0	50	22	7.2
2009	0	0	50	30	8
2010	0	0	50	5	5.5
2011	0	0	50	30	8
2012	0	0	50	26	7.6
2013	0	0	50	59	10.9
2014	0	0	50	40	9
2015	0	0	50	58	10.8
2016	0	0	50	60	11
2017	0	0	50	197	24.7

5.1.2　跨国合作的编制标准

（1）民间跨国合作的编制标准

目前缺乏更多相关数据。本研究将 1977—2017 年民间跨国合作编制标准数量设为 0。

（2）城市间跨国合作的编制标准

目前缺乏更多相关数据。本研究将 1977—2017 年城市间跨国合作编制标准数量设为 0。

（3）国家间跨国合作的编制标准

中国也积极研究跨国合作编制标准相关机制。自 2002 年以来，东北亚标准合作会议每年举行一次，已经成为中日韩三国开展标准化合作的重要平台。2010 年《中日韩标准化合作联合声明》助推区域标准化合作项目。截至 2017 年 12 月底，中国已与 21 个"一带一路"沿线国家签署了标准化合作协议；与欧盟、东盟、中亚、蒙俄等沿线重点地区建立多双边标准化合作渠道；开展中法铁路、中英石墨烯、中俄油气和民用飞机等标准化合作；在铁路领域，与法国联合制定 3 项国际标准；在电动汽车领域，与德国成立标准化工作组；在直流充电领域，推动中国 3 项技术申报国际标准。

（4）跨国合作编制标准指标的指数值

根据 4.5.1 节三级指标赋值说明及上文（1）~（3）项对 1977—2017 年的评定情况，只获得 2017 年与法国联合制定 3 项铁路国际标准；成立中德电动汽车标准化工作组，推动中国 3 项直流充电技术纳入国际标准，得到 2017 年跨国合作编制标准指标的指数值为 3 分，其余年份为 0 分。

5.1.3　标准编制国际化指标的计算

根据 4.5.1 节三级指标赋值说明及 5.1.1 节和 5.1.2 节对两项二级指标计算指数值情况，汇总中国标准编制国际化指数值情况，见表 5-3。

表 5-3　标准编制国际化指标统计

年份	国外利益相关方参与编制标准指标（50%）	跨国合作编制标准指标（50%）	指数值
1977	1	0	0.5
1978	1	0	0.5
1979	1	0	0.5
1980	1	0	0.5
1981	1	0	0.5
1982	1	0	0.5
1983	1	0	0.5
1984	1	0	0.5
1985	1	0	0.5
1986	1	0	0.5

续表 5-3

年份	国外利益相关方参与编制标准指标（50%）	跨国合作编制标准指标（50%）	指数值
1987	1	0	0.5
1988	1	0	0.5
1989	1	0	0.5
1990	1	0	0.5
1991	1	0	0.5
1992	1	0	0.5
1993	1	0	0.5
1994	1	0	0.5
1995	1	0	0.5
1996	1	0	0.5
1997	1	0	0.5
1998	1	0	0.5
1999	1	0	0.5
2000	1	0	0.5
2001	1	0	0.5
2002	1	0	0.5
2003	1	0	0.5
2004	1	0	0.5
2005	1	0	0.5
2006	5.7	0	2.85
2007	5.5	0	2.75
2008	7.2	0	3.6
2009	8	0	4
2010	5.5	0	2.75
2011	8	0	4

续表 5-3

年份	国外利益相关方参与编制标准指标（50%）	跨国合作编制标准指标（50%）	指数值
2012	7.6	0	3.8
2013	10.9	0	5.45
2014	9	0	4.5
2015	10.8	0	5.4
2016	11	0	5.5
2017	24.7	3	13.85

5.1.4　标准编制国际化指标的发展趋势分析

从表 5-3 可以看出，中国标准编制国际化指标在 1977—2006 年，均处于极低水平，从 2006 年开始，标准编制国际化指标开始有所提升，基本上呈上升趋势，以 2017 年为顶峰。

5.2　中国标准文本国际化程度定量评价

5.2.1　中外标准英文版语言特征对比分析

本研究采用 Coh-Metrix 线下工具分别处理英文版国际标准语料和英文版中国标准语料的纯文本文件，得到统计结果。相关语料统计信息见上文 4.2 节相关内容。本研究将采用英文版国际标准语料库和英文版中国标准语料库输出结果的平均值进行对比分析，相关分析结果见下文。

5.2.1.1　中外标准语言特征描述性指标的对比分析

从表 5-4 可以看出，中国标准和国际标准句子数大体相当，偏差约 0.5%，中国标准平均句子数为 394.62，国际标准平均句子数为 392.49，体现出中外标准文章句子数量基本相同，特征比较统一。虽然句子数基本相同，但平均段落数却有 12.87% 的偏差，中国标准平均段落数为 296.95，国际标准平均段落数为 263.08，与之相对应的便是中国标准段落平均句数为 1.31，国际标准段落的平均句数为 1.44，表明中国标准在段落层面上的复杂程度低于国际标准，处理难度也较低一些。另外，需要注意的是，在段落平均句数标准差方面，中国标准为

表 5-4 　中外标准英文版语言特征描述性指标统计

项目	英文版中国标准	英文版国际标准	中外标准差值	中外标准差值显著性
段数	296.947 368 4	263.08	33.867 368 4	0.128 734 105
句数	394.618 421 1	392.49	2.128 421 053	0.005 422 867
单词数	7 828.75	6 728.23	1 100.52	0.163 567 536
段落平均句数	1.308 460 529	1.443 899 999	−0.135 439 47	−0.093 801 143
段落平均句数标准差	0.661 828 95	0.844 790 003	−0.182 961 052	−0.216 575 778
句子平均单词数	19.167 539 51	18.508 040 07	0.659 499 443	0.035 633 132
句子平均单词数标准差	13.391 013 15	10.645 870 01	2.745 143 146	0.257 859 916
单词平均音节	1.718 473 685	1.729 679 996	−0.011 206 31	−0.006 478 834
单词平均音节标准差	1.014 276 312	1.063 999 996	−0.049 723 684	−0.046 732 786
单词平均字母	5.228 394 747	5.093 379 998	0.135 014 749	0.026 507 888
单词平均字母标准差	3.005 736 847	3.112 520 001	−0.106 783 154	−0.034 307 62

0.66，国际标准为 0.84，国际标准的段落平均句数标准差大意味着其段落句子长度方面变化大，可能具有一些非常短和一些非常长的段落，内容富于变化；两者相比，可以看出中国标准段落内容比较均匀，复杂程度低于国际标准。

　　从单词层面来看，中国标准句子平均单词数为 19.17，国际标准句子平均单词数为 18.51，两者相比没有统计学意义上的差别，体现出中外标准语法复杂性大体相当。但中国标准平均单词数为 7 828.75，国际标准平均单词数为 6 728.23，中国标准高出国际标准 16.36%。另外，从句子平均单词数标准差上看，也存在较大差异，中国标准为 13.39，国际标准为 10.65，意味着中国标准在句子单词数方面变化更大，可能具有一些非常短的句子和一些非常长的句子，这估计与中文标准存在许多表意叙事文本相关。另外，中文标准文本在单词平均音节和单词平均字母上没有统计学意义上的差别，表明两者在阅读难度上大体相当，后文将通过其他指标进一步证明。

5.2.1.2 　中外标准文本易读性指标的对比分析

　　文本易读性指标提供了文本易读性（难度）更为完整的图像，通过文本的语言特征体现出来。从表 5-5 可以看出，中外标准具有基本相同的特征，如标准文本不是叙事性文本（体现在 Z 指数值均为负数），句法比较简洁，用词相对抽象（单词具体性 Z 指数值为负数），衔接性较高，动词、连接词少（动词衔接性、连接性 Z 指数值为负数），时间性比较明确，等等。

从具体指标而言，中外标准也体现出许多具有统计学意义的差值。从叙事性来看（看 Z 指数值，下同），中国标准指数值为 −1.44，国际标准指数值为 −1.34，表明中国标准叙事性更低，更为古板，更少采用日常词汇熟悉度高、与世界知识和口头语言密切相关的词汇。

表 5-5　中外标准文本易读性指标统计与对比

项目	英文版 中国标准	英文版 国际标准	中外标准差值	中外标准差值 显著性
主成分叙事性，Z 指数值	−1.440 934 213	−1.338 939 991	−0.101 994 222	0.076 175 35
主成分叙事性，百分位	8.070 263 207	9.631 500 049	−1.561 236 842	−0.162 096 956
主成分句法简洁性，Z 指数值	0.767 394 738	0.819 179 996	−0.051 785 259	−0.063 215 971
主成分句法简洁性，百分位	75.916 052 37	77.223 200 13	−1.307 147 764	−0.016 926 879
主成分单词具体性，Z 指数值	−0.276 355 262	−0.659 169 999	0.382 814 738	−0.580 752 671
主成分单词具体性，百分位	42.088 815 88	33.745 500 08	8.343 315 806	0.247 242 322
主成分指称衔接，Z 指数值	0.506 381 58	0.626 570 002	−0.120 188 423	−0.191 819 624
主成分指称衔接，百分位	65.782 105 4	69.683 899 82	−3.901 794 427	−0.055 992 768
主成分深层衔接性，Z 指数值	0.375 565 791	0.258 659 998	0.116 905 794	0.451 967 04
主成分深层衔接性，百分位	60.786 315 7	59.212 500 21	1.573 815 5	0.026 579 109
主成分动词衔接性，Z 指数值	−1.616 921 053	−1.403 910 007	−0.213 011 046	0.151 726 994
主成分动词衔接性，百分位	9.645 921 087	10.909 800 07	−1.263 878 985	−0.115 848 043
主成分连接性，Z 指数值	−1.749 210 537	−1.463 689 995	−0.285 520 541	0.195 068 998
主成分连接性，百分位	9.142 631 553	13.634 200 05	−4.491 568 494	−0.329 433 959
主成分时间性，Z 指数值	0.858 342 105	0.544 229 999	0.314 112 105	0.577 167 935
主成分时间性，百分位	78.111 710 25	69.307 799 91	8.803 910 336	0.127 026 256

从句法简洁性来看，中国标准指数值为 0.77，国际标准指数值为 0.82，表明中国标准句子包含更多单词、使用更复杂的句法结构，导致相关单词与结构理解难度更大一些。

从单词具体性来看，中国标准指数值为 –0.28，国际标准指数值为 –0.66，两者相差一倍多，表明中国标准用了更多具体、有意义且唤起心理影像的内容词，更易于掌握和理解，国际标准用了更多抽象词，其概念更难以在视觉上表现出来，更难以理解些。

从指称衔接来看，中国标准指数值为 0.51，国际标准指数值为 0.63，两者相差 19.18%，表明中国标准指称衔接较低，单词和思想在句子和整个文本之间重叠较少，所形成连接读者与文本的显式线程偏低，导致文本通常更难以理解，因为思想与读者之间的连接更少。

从深层衔接性来看，中国标准指数值为 0.38，国际标准指数值为 0.26，两者相差 45.20%，体现中国标准文本存在因果关系和逻辑关系时，采用更多因果连接词和意向连接词，而国际标准在深层衔接上对语义掌握更为熟练，对文本中的因果事件、过程和行为，不通过连接词而通过推断文本中各种观点之间的关系加以掌握，表明中国标准英文版在语义传递上与国际标准还存在较大距离。

从动词衔接性来看，中国标准指数值为 –1.62，国际标准指数值为 –1.40，两者相差 15.17%，表明中国标准在文本中动词重叠程度更低，叙事性更差些，不利于促进和增强情境模型理解。

从连接性来看，中国标准指数值为 –1.75，国际标准指数值为 –1.46，两者相差 19.51%，表明中国标准在文本用了更少明确的转折词、附加词和比较连接词来传达文本中的逻辑关系。这一点可能与中国标准英文版是通过汉语翻译而来有关，汉语中可直接用语义表明，所使用明确的转折词、附加词和比较连接词程度较低，在翻译汉语语义时变通手段有限，使得中国标准英文版让读者较为困难地深入理解文本各种关系。

从时间性来看，中国标准指数值为 0.86，国际标准指数值为 0.54，两者相差 57.72%，表明中国标准文本包含更多关于时间性的提示，具有更一致的时间性（即时态），虽然更容易掌握和理解，但体现出中国标准英文版在时态上更为刻板，语言变换不够灵活。

5.2.1.3 中外标准指称衔接指标的对比分析

指称衔接通过评估连续相邻句子之间的重叠来测量局部衔接性，通过测量段落或文本中所有句子之间的重叠来评估全局衔接性。作为一种语言线索，可以帮助读者在文本理解中将命题、从句和句子联系起来。通过表5-6可以看出，中外标准在名词重叠、参数重叠、词干重叠的偏差均不具有统计学意义，显示两者的高度一致性。但从内容词和回指重叠来看，中外标准体现出较大差异。在相邻句子中，中国标准内容词重叠为0.19，回指重叠为0.06，国际标准内容词重叠为0.17，回指重叠为0.05，两者相差分别为13.77%和25.21%；在所有句子中，中国标准内容词重叠为0.11，回指重叠为0.012，国际标准内容词重叠为0.10，回指重叠为0.008，两者相差分别为5.99%和45.82%。这一差值表明中国标准重复更多内容词，或在后一句采用更多代词引用前一句中的代词或名词，主要原因可能与中国文化相关，因为中外标准在内容词重叠和回指重叠方面绝对值都不大。

表 5-6　中外标准指称衔接指标统计与对比

项　目	英文版中国标准	英文版国际标准	中外标准差值	中外标准差值显著性
名词重叠，相邻句子，二元，均值	0.540 802 633	0.537 749 999	0.003 052 633	0.005 676 678
参数重叠，相邻句子，二元，均值	0.571 684 213	0.584 4	−0.012 715 788	−0.021 758 706
词干重叠，相邻句子，二元，均值	0.613 618 421	0.633 530 001	−0.019 911 58	−0.031 429 578
名词重叠，所有句子，二元，均值	0.392 039 47	0.388 780 002	0.003 259 469	0.008 383 838
参数重叠，所有句子，二元，均值	0.421 473 684	0.437 32	−0.015 846 315	−0.036 235 058
词干重叠，所有句子，二元，均值	0.468 092 105	0.496 550 002	−0.028 457 897	−0.057 311 241
内容词重叠，相邻句子，比例，均值	0.190 763 157	0.167 670 001	0.023 093 156	0.137 729 805
内容词重叠，邻近句子，比例，标准差	0.219 776 315	0.194 09	0.025 686 315	0.132 342 289
内容词重叠，所有句子，比例，均值	0.110 342 106	0.104 11	0.006 232 106	0.059 860 778
内容词重叠，所有句子，比例，标准差	0.166 263 158	0.156 56	0.009 703 158	0.061 977 246
回指重叠，相邻句子	0.062 105 263	0.049 6	0.012 505 263	0.252 122 238
回指重叠，所有句子	0.011 855 263	0.008 13	0.003 725 263	0.458 211 942

5.2.1.4 中外标准潜语义指标的对比分析

潜语义分析（LSA）提供句子之间或段落之间语义重叠的指标。从表5-7可

表 5-7　中外标准潜语义指标统计与对比

项目	英文版中国标准	英文版国际标准	中外标准差值	中外标准差值显著性
邻近句子均值	0.329 763 159	0.308 809 999	0.020 953 159	0.067 851 298
邻近句子标准差	0.256 328 947	0.227 699 999	0.028 628 948	0.125 730 997
段落中所有句子均值	0.291 723 684	0.309 569 999	−0.017 846 314	−0.057 648 721
段落中所有句子标准差	0.213 499 999	0.194 47	0.019 03	0.097 855 709
相邻段落均值	0.395 407 894	0.351 809 999	0.043 597 895	0.123 924 548
相邻段落标准差	0.250 973 684	0.230 969 999	0.020 003 685	0.086 607 287
平均所与性句子均值	0.411 960 526	0.409 81	0.002 150 526	0.005 247 618
平均所与性句子标准差	0.178 381 579	0.158 1	0.020 281 579	0.128 283 23
邻近句子均值	0.329 763 159	0.308 809 999	0.020 953 159	0.067 851 298

以看出，中外标准在潜语义分析方面不存在统计学意义上的差别，视为中外标准潜语义分析指数值相同。

5.2.1.5　中外标准词汇多样性指标的对比分析

词汇多样性是指文本中出现的唯一单词（类符）与文本全部单词数（形符）之比。当单词类符数量等于总单词数（形符）时，所有单词均不同。在这种情况下，词汇多样性最大，且文本衔接性可能非常低，或文本非常短。文本中存在大量不同单词表示需要将新单词整合到话语语境中。相比之下，文本中多次使用的单词越多，词汇多样性就越低（衔接性越高）。从表 5-8 可以看出，中

表 5-8　中外标准词汇多样性指标统计与对比

项目	英文版中国标准	英文版国际标准	中外标准差值	中外标准差值显著性
内容词词根类符 / 形符比	0.356 171 051	0.355 259 999	0.000 911 052	0.002 564 465
所有单词类符 / 形符比	0.218 065 788	0.210 210 001	0.007 855 787	0.037 371 14
所有单词文本词汇多样性	46.249 815 79	50.226 749 88	−3.976 934 088	−0.079 179 602
所有单词计算词汇多样性	77.272 894 66	76.351 520 16	0.921 374 502	0.012 067 533

外标准在词汇多样性方面不存在具有统计学意义上的差别，视为中外标准词汇多样性指数值相同。

5.2.1.6 中外标准连接词对比分析

连接词在思想和条款之间创造紧密联系方面发挥了重要作用，并提供文本组织的线索。从表 5-9 可以看出，中外标准在所有连接词方面不存在具有统计学意义上的差别，只是在发生率较低的转折和对比连词、时间连词、附加连词上有所偏差，但视为中外标准所有连接词指数值相同。

表 5-9　中外标准连接词指标统计与对比

项　　目	英文版中国标准	英文版国际标准	中外标准差值	中外标准差值显著性
所有连词发生率	81.542 526 3	80.175 709 92	1.366 816 38	0.017 047 761
因果连词发生率	26.876 105 22	28.998 900 03	−2.122 794 811	−0.073 202 598
逻辑连词发生率	33.076 710 55	36.029 219 99	−2.952 509 439	−0.081 947 637
转折和对比连词发生率	11.090 144 73	14.197 810 03	−3.107 665 298	−0.218 883 426
时间连词发生率	11.032 263 18	12.336 599 96	−1.304 336 782	−0.105 729 033
扩展时间连词发生率	17.455 750 06	15.771 839 91	1.683 910 146	0.106 766 88
附加连词发生率	42.191 894 62	38.015 729 93	4.176 164 686	0.109 853 597
正向连词发生率	71.891 776 19	69.134 129 98	2.757 646 203	0.039 888 348
负向连词发生率	9.224 697 388	11.756 810 02	−2.532 112 634	−0.215 374 122

5.2.1.7 中外标准情境模式指标的对比分析

研究人员已经将情境模式应用于话语加工和认知科学之中，研究明确词很多的文本中，心理表征水平如何。从表 5-10 中可以看出，中外标准在情景模式指标上出现较大偏差，如因果动词发生率中国标准为 25.26，国际标准为 29.27，两者相差 −13.72%，因果动词和因果小品词发生率还更高一些；意向性动词发生中国标准为 7.72，国际标准为 14.85，两者相差近一倍，而意向性小品词／意向性动词发生率中国标准为 3.13，国际标准为 1.75，两者相差也将近一倍；WordNet 动词重叠中国标准为 0.25，国际标准为 0.32，两者相差 −22.11%。

表 5-10 中外标准情境模式指标与对比

项　目	英文版中国标准	英文版国际标准	中外标准差值	中外标准差值显著性
因果动词发生率	25.256 710 39	29.273 47	−4.016 759 616	−0.137 215 015
因果动词和因果小品词发生率	30.274 670 93	35.652 810 04	−5.378 139 112	−0.150 847 552
意向性动词发生率	7.723 671 079	14.851 42	−7.127 748 919	−0.479 937 199
因果小品词 / 因果动词	0.206 486 841	0.217 820 001	−0.011 333 159	−0.052 029 929
意向性小品词 / 意向性动词	3.130 789 456	1.746 189 994	1.384 599 462	0.792 926 009
LSA 动词重叠	0.070 052 632	0.065 37	0.004 682 632	0.071 632 729
WordNet 动词重叠	0.249 644 735	0.320 509 999	−0.070 865 264	−0.22 110 157
时间衔接性，时态重复，均值	0.921 776 315	0.897 990 001	0.023 786 314	0.026 488 395

5.2.1.8　中外标准句法复杂性指标的对比分析

句法理论将单词划分单词信息（如名词、动词、形容词、连词），将单词组成短语或句子成分（名词短语、动词短语、介词短语、从句），并构造句子的句法树结构。当句子较短，主句主动词前单词较少，且名词短语的单词较少时，文本中的句法更易于处理。从表 5-11 中可以看出，中外标准在主动词前单词、名词短语修饰词、最小编辑距离等方面无统计意义上差异，在相邻和跨段

表 5-11　中外标准句法复杂性指标统计与对比

项目	英文版中国标准	英文版国际标准	中外标准差值	中外标准差值显著性
主动词前单词，均值	4.736 684 219	4.819 600 005	−0.082 915 786	−0.017 203 873
名词短语修饰词，均值	1.226 249 995	1.274 919 999	−0.048 670 003	−0.038 174 947
最小编辑距离，词性	0.675 631 578	0.621 35	0.054 281 578	0.087 360 712
最小编辑距离，所有单词	0.864 644 736	0.841 21	0.023 434 736	0.027 858 366
最小编辑距离，词根	0.843 407 894	0.815 060 002	0.028 347 892	0.034 780 129
句子句法相似度，邻近句子，均值	0.136 881 579	0.122 24	0.014 641 579	0.119 777 315
句子句法相似度，所有组合，跨段落，均值	0.090 065 79	0.081 68	0.008 385 79	0.102 666 379

落句子句法相似度上存在一定偏差。

5.2.1.9　中外标准句法模式密度指标的对比分析

通过特定句法模式、单词类型和短语类型的密度来判定句法复杂性。名词短语、动词短语、状语短语和介词发生率的相对密度会影响文本的处理难度，特别是对于文本中的其他特征。例如，如果文本的名词和动词短语发生率较高，则更可能是信息密集且语法复杂。从表 5–12 可以看出，在无施事被动语态密度发生率方面，中国标准为 18.66，国际标准为 21.54，相差 –13.34%；在否定密度发生率方面，中国标准为 5.34，国际标准为 6.20，相差 –13.98%；在动名词密度方面，中国标准明显高于国际标准，为 23.55，高出 38.27%；而在不定式密度方面，中国标准则远低于国际标准，为 5.70，比国际标准 9.44 低了 39.63%。上述统计数据体现出国际标准采用更多无施事被动语态，以至于被动语态和动词不定式远高于中国标准；中国标准则采用更多主动语态和动名词结构。

表 5–12　中外标准句法模式密度指标统计与对比

项　目	英文版中国标准	英文版国际标准	中外标准差值	中外标准差值显著性
名词短语密度，发生率	384.106 659 3	378.859 689 3	5.246 970 006	0.013 849 375
动词短语密度，发生率	159.112 590 7	166.313 590 4	−7.200 999 704	−0.043 297 723
状语短语密度，发生率	11.500 223 71	11.651 830 02	−0.151 606 309	−0.013 011 373
介词短语密度，发生率	145.753 382 2	135.976 810 1	9.776 572 157	0.071 898 82
无施事被动语态密度，发生率	18.663 920 98	21.535 979 99	−2.872 059 014	−0.133 360 962
否定密度，发生率	5.337 328 956	6.204 840 001	−0.867 511 045	−0.139 811 993
动名词密度，发生率	23.547 460 62	17.030 6	6.516 860 618	0.382 655 961
不定式密度，发生率	5.697 960 541	9.438 989 981	−3.741 029 44	−0.396 337 897

5.2.1.10　中外标准单词信息指标的对比分析

单词信息是指点每个单词被赋予句法单词信息的思想，因此句法类别被划分为内容词（例如名词、动词、形容词、副词）和功能词（例如介词、限定词、代词）。有些单词可以划分为多个句法类别。例如，单词"bank"可以是名词"river bank"、动词"don't bank on it"或形容词"bank shot"。从表 5–13 可

表 5-13　中外标准单词信息指标统计与对比

项目	英文版中国标准	英文版国际标准	中外标准差值	中外标准差值显著性
名词发生率	345.500 552 9	331.771 489 6	13.729 063 37	0.041 381 082
动词发生率	107.843 184 7	106.863 539 9	0.979 644 836	0.009 167 25
形容词发生率	102.594 710 6	86.709 169 77	15.885 540 78	0.183 204 854
副词发生率	20.605 802 53	21.339 159 95	−0.733 357 417	−0.034 366 743
代名词发生率	7.903 144 795	6.847 500 011	1.055 644 784	0.154 164 992
第一人称单数代词发生率	0.214 644 738	0.539 97	−0.325 325 262	−0.602 487 66
第一人称复数代词发生率	0.006 855 263	0.023 77	−0.016 914 736	−0.711 600 197
第二人称代词发生率	0	0.011 25	−0.011 25	−1
第三人称单数代词发生率	0.023 460 526	0.040 29	−0.016 829 474	−0.417 708 465
第三人称复数代词发生率	1.460 947 371	1.459 170 006	0.001 777 365	0.001 218 065
内容词 CELEX 词频，均值	1.797 131 579	1.825 239 998	−0.028 108 419	−0.015 399 848
所有词 CELEX log 频率，均值	2.702 236 825	2.837 509 999	−0.135 273 174	−0.047 673 197
内容词 CELEX log 最小频率，均值	0.914 592 106	0.944 260 004	−0.029 667 898	−0.031 419 205
内容词习得年龄，均值	396.991 500 9	399.806 879 3	−2.815 378 418	−0.007 041 846
内容词熟悉度，均值	550.161 132 8	550.599 749 8	−0.438 616 943	−0.000 796 617
内容词具体性，均值	403.611 027	387.170 889 6	16.440 137 38	0.042 462 225
内容词可想象性，均值	413.583 473 2	400.720 120 5	12.863 352 66	0.032 100 591
内容词意义性，科罗拉多规范，均值	417.994 881 1	410.550 639	7.444 242 04	0.018 132 336
内容词多义词，均值	3.603 210 518	3.649 210 002	−0.045 999 484	−0.012 605 327
名词上下位关系，均值	6.579 526 33	6.311 789 989	0.267 736 341	0.042 418 449
动词上下位关系，均值	1.558 539 477	1.576 549 997	−0.018 010 52	−0.011 424 008
名词动词组合的上下位关系，均值	2.374 578 939	2.181 180 001	0.193 398 937	0.088 667 115

以看出，虽然中外标准在人称代词等个别指标存在统计学意义上的差异，但发生率极低，基本上可以忽略不计，在主要词类指标上，中外标准均无明显差别，视为一致。

5.2.1.11　中外标准可读性指标的对比分析

评估难度文本的传统方法包括各种可读性公式。从表5-14可以看出，中外标准在Flesch易读性、Flesch-Kincaid年级水平两方面没有体现出差别来。但中外标准的Flesch易读性、Flesch-Kincaid年级水平指数值，均体现出标准文本的技术文本特征，阅读难度大，需要很高年级水平（11.74级别，最高为12级）。在第二语言可读性方面，中国标准指数值为13.23，国际标准为11.75，两者相差12.59%，体现出中国标准更适合母语为非英语人士阅读一些，原因是中国标准英文版主要为母语为非英语人士所翻译与撰写，措辞表达更切近母语为非英语人士的阅读习惯，但也体现出中国标准与国际标准的差距。

表5-14　中外标准可读性指标统计与对比

项　目	英文版中国标准	英文版国际标准	中外标准差值	中外标准差值显著性
Flesch易读性	43.092 934 18	42.505 820 05	0.587 114 136	0.013 812 559
Flesch-Kincaid年级水平	11.742 289 46	11.735 819 99	0.006 469 467	0.000 551 258
Coh-Metrix第二语言可读性	13.228 710 51	11.749 04	1.479 670 511	0.125 939 695

5.2.1.12　中国标准外文版母语接近度指标计算

综上所述，中外标准英文版在诸多领域没有统计学意义偏差，但在一定程度上仍存在差别。本研究将中外标准上述108项指标指数值导入SPSS 19.0软件中，进行成对样本T检验，得到国际标准-中国标准后所得差值的均值、标准差、标准误差和95%置信区间。结果显示统计量T=-1.089，因此认为中国标准与国际标准存在一定偏差，但偏差不是太大。我们以国际标准-中国标准后所得差值的均值的绝对值11.099 106 7为中外标准的偏差，按照公式4-5-1计算出中国标准外文版母语接近度指标为89.87%。

5.2.2　标准文本国际化强度分析

本研究通过国家标准馆截至2017年底馆藏采标国家标准的题录信息，筛分 1977—2017 年每年等同采用、等效采用、修改采用、非等效采用（包括参照采用）标准数量以及平均滞后年数，见表 5-15。1988 年前后和 2008 年前后是中国标准文本国际化强度的两个高峰时期。由于改革开放给中国经济带来了巨大活力，让中国标准与国际接轨成为让中国产品走向全球的重要阶梯，因而大量采用国际标准来起草国内标准，1986—1989 年达到国际采标第一高峰。标准化是 2008 年北京奥运会筹办过程中的一项重要基础工作，是规范奥运会组织和管理工作的重要手段和技术支撑，标准化工作几乎覆盖了奥运会筹办的各个环节，2008—2009 年是国际采标第二高峰。

表 5-15　国家标准馆截至 2017 年底馆藏采标国家标准统计信息

年份	平均滞后年数	等效采用 EQV	等同采用 IDT	修改采用 MOD	非等效采用 NEQ	参照采用 REF	小计
1977	0	1					1
1978	0						0
1979	0	1					1
1980	3.5	9				8	17
1981	5.7	21	17			6	44
1982	5.7	24	1			100	125
1983	6.49	66	36			140	242
1984	6.64	100	30			163	293
1985	6.75	193	58		1	216	468
1986	7.17	233	67			406	706
1987	7.4	249	75			373	697
1988	7.75	340	98			661	1 099
1989	7.71	304	63		1	606	974
1990	7.3	81	18			144	243
1991	9.22	91	39			136	266
1992	8.75	143	41		3	215	402
1993	9.62	150	33		5	284	472

续表 5-15

年份	平均滞后年数	等效采用 EQV	等同采用 IDT	修改采用 MOD	非等效采用 NEQ	参照采用 REF	小计
1994	8.56	148	76		43	114	381
1995	8.04	155	94		61	69	379
1996	7.88	191	208		89	68	556
1997	8.14	261	281		76	58	676
1998	6.98	223	249		85	49	606
1999	7.04	164	190		86	25	465
2000	6.28	170	223		33		426
2001	8.46	150	206		80		436
2002	7.24	164	220	72	80		536
2003	8.19	14	341	157	93		605
2004	10.72		154	134	37		325
2005	9.28		400	218	71		689
2006	9.44		497	252	82		831
2007	9.48		337	161	54		552
2008	10.4		1 246	716	212		2 174
2009	9.77		526	377	113		1 016
2010	9.24		490	353	74		917
2011	9.72		240	195	76		511
2012	9.14		285	220	77		582
2013	9.98		320	199	46		565
2014	9.02		196	162	36		394
2015	8.79		227	157	41		425
2016	9.78		180	174	23		377
2017	8.39		109	93	18		220
合计	8.61	3 646	7 871	3 640	1 696	3 841	20 694

全国标准化信息公共服务平台国家标准外文版查询栏目显示，截至 2018 年 6 月 30 日，已发布国家标准英文版 531 项，另外正在翻译 357 项，正在审查 11 项，正在批准 69 项。在已发布国家标准英文版 531 项中，在 2015 年及之后发布的 295 项有发布日期，之前发布的标准英文版均没有标注发布日期，也无法考证何时发布，为了统计方便，均以 2014 年为发布日期进行统计，见表 5-16。2008 年北京奥运会筹办过程中，为了让外方理解奥运会组织和管理工作所涉及的中国标准，中方大量翻译出版了中国标准英文版，让中国标准走出国门迈开了重要的一步，形成一个中国标准英文版出版高峰。

5.2.3 标准文本国际化速度分析

为了更直观地统计分析中国标准文本国际化速度，尤其是计算采标标准与自有标准英文版的平均滞后年数，将表 5-15 和表 5-16 合并为一个大表（见表

表 5-16 全国标准化信息公共服务平台的国家标准英文版统计信息

年份	自有标准英文版	平均滞后年数
1984	2	30
1985	5	29
1986	5	28
1987	7	27
1988	9	26
1989	9	25
1990	9	24
1991	4	23
1992	7	22.42
1993	6	21
1994	13	20
1995	12	19
1996	23	18.08
1997	17	17

续表 5-16

年份	自有标准英文版	平均滞后年数
1998	9	16
1999	3	15
2000	3	16
2001	9	13.67
2002	7	12.29
2003	17	11.24
2004	1	10
2005	11	10
2006	14	8.93
2007	22	8.36
2008	63	7.7
2009	43	7.47
2010	29	7.07
2011	34	5.94
2012	33	4.18
2013	20	3.7
2014	25	3.52
2015	24	2.63
2016	12	1.5
2017	24	1
合计	531	10.28

5-17），且按照（采标标准数量 × 平均滞后年数 + 自有标准英文版数量 × 平均滞后年数）÷（采标标准数量 + 自有标准英文版数量）计算合并后的平均滞后年数。相关计算结果见表 5-17。中国在 1977—2017 年间，国际采标达到 21 225 项（包括已作废标准），其中滞后年数最小为 0 年，最大为 53 年，平均滞后 8.61 年。

表 5-17 合并后采标与自有标准英文版的统计情况

年份	平均滞后年数	等效采用 EQV	等同采用 IDT	修改采用 MOD	非等效采用 NEQ	参照采用 REF	自有标准英文版	小计
1977	0	1						1
1978	0							0
1979	0	1						1
1980	3.50	9				8		17
1981	5.70	21	17			6		44
1982	5.70	24	1			100		125
1983	6.49	66	36			140		242
1984	6.80	100	30			163	2	295
1985	6.99	193	58		1	216	5	473
1986	7.32	233	67			406	5	711
1987	7.59	249	75			373	7	704
1988	7.90	340	98			661	9	1108
1989	7.87	304	63		1	606	9	983
1990	7.90	81	18			144	9	252
1991	9.42	91	39			136	4	270
1992	8.98	143	41		3	215	7	409
1993	9.76	150	33		5	284	6	478
1994	8.94	148	76		43	114	13	394
1995	8.38	155	94		61	69	12	391
1996	8.29	191	208		89	68	23	579
1997	8.36	261	281		76	58	17	693
1998	7.11	223	249		85	49	9	615
1999	7.09	164	190		86	25	3	468
2000	6.35	170	223		33		3	429
2001	8.57	150	206		80		9	445

续表 5-17

年份	平均滞后年数	等效采用 EQV	等同采用 IDT	修改采用 MOD	非等效采用 NEQ	参照采用 REF	自有标准英文版	小计
2002	7.31	164	220	72	80		7	543
2003	8.27	14	341	157	93		17	622
2004	10.72		154	134	37		1	326
2005	9.29		400	218	71		11	700
2006	9.43		497	252	82		14	845
2007	9.44		337	161	54		22	574
2008	10.32		1246	716	212		63	2 237
2009	9.68		526	377	113		43	1 059
2010	9.17		490	353	74		29	946
2011	9.48		240	195	76		34	545
2012	8.87		285	220	77		33	615
2013	9.77		320	199	46		20	585
2014	8.69		196	162	36		25	419
2015	8.46		227	157	41		24	449
2016	9.52		180	174	23		12	389
2017	7.66		109	93	18		24	244
合计	8.64	3 646	7 871	3 640	1 696	3 841	531	21 225

5.2.4 标准文本国际化效度分析

时至今日，中国标准英文版不具备母语版的效力，因此采用系数为 0.5。

5.2.5 标准文本国际化指标计算

根据 4.5.1 节三级指标赋值说明，等同采用、等效采用、修改采用和非等效采用（包括参照采用）国际标准为本国标准 1 项标准计 1 分。根据 4.3.2.2 节中国标准文本国际化指数的非语言测量指标的说明，对于修改采用国际标准的中国标准，其中中国标准修改内容占比根据笔者长期标准翻译实践，统一设置为

5%；对于非等效采用国际标准的中国标准（部分为参照采用），其中非等效内容占比根据笔者长期标准翻译实践，统一设置为50%。根据中外标准描述性对比分析及公式4-5-1获得中国标准外文版母语接近度指标为89.87%。套用4.5.2节标准文本国际化指标计算专项说明中的公式4-5-2，我们计算出中国标准文本国际化强度指标。以2017年数据为例，计算出2017年中国标准文本国际化强度指标如下：

2017年中国标准文本国际化强度指标

={ 等同采用标准数 + 等效采用标准数 + 修改采用标准数 × [1- 中国标准修改内容占比 × （1-In_{lang}）] + 非等效采用标准数 × [1- 中国标准非等效内容占比 × （1-In_{lang}）] + 参照采用标准数 × [1- 中外标准不同内容占比 × （1-In_{lang}）] + 自有标准英文版 ×In_{lang}} ×0.1

={109+0+93 × [1-5% × （1-89.87%）] +18 × [1-50% × （1-89.87%）] +0 × [1-50% × （1-89.87%）] +24 × 89.87% } × 0.1

=24.02

根据4.5.1节三级指标赋值说明，自有标准英文版具有母语版的效力采用系数为1，无同等效力为0.5；对于采标标准英文版和自有标准英文版，以平均滞后年数计算，滞后小于等于2年，系数为1，滞后2~4年为0.9，滞后4~6年为0.8，滞后6~8年为0.7，滞后8~10年为0.6，滞后10年以上为0.5。时至今日，中国标准英文版不具备母语版的效力，因此采用系数为0.5。2017年采标标准英文版和自有标准英文版平均滞后年数为7.66，因而取系数为0.7。通过公式4-5-3，可将2017年中国标准文本国际化指数计算如下：

2017年中国标准文本国际化指数

= 中国标准文本国际化强度指标 × 中国标准文本国际化效度指标 × 中国标准文本国际化速度指标

=24.02 × 0.5 × 0.7

=8.41

按照上述方法，将1977—2017年中国标准文本国际化指数统计如下（见表5-18）。

表 5-18　中国标准文本国际化指标数

年份	母语接近度	国际化强度	国际化效度	国际化速度	标准文本国际化指数
1977	89.87%	0.10	0.5	1	0.05
1978	89.87%	0.00	0.5	1	0.00
1979	89.87%	0.10	0.5	1	0.05
1980	89.87%	1.66	0.5	0.9	0.75
1981	89.87%	4.37	0.5	0.8	1.75
1982	89.87%	11.99	0.5	0.8	4.80
1983	89.87%	23.49	0.5	0.7	8.22
1984	89.87%	28.65	0.5	0.7	10.03
1985	89.87%	46.15	0.5	0.7	16.15
1986	89.87%	68.99	0.5	0.7	24.15
1987	89.87%	68.44	0.5	0.7	23.95
1988	89.87%	107.36	0.5	0.7	37.58
1989	89.87%	95.13	0.5	0.7	33.30
1990	89.87%	24.38	0.5	0.7	8.53
1991	89.87%	26.27	0.5	0.6	7.88
1992	89.87%	39.72	0.5	0.6	11.92
1993	89.87%	46.28	0.5	0.6	13.88
1994	89.87%	38.47	0.5	0.6	11.54
1995	89.87%	38.32	0.5	0.6	11.50
1996	89.87%	56.87	0.5	0.6	17.06
1997	89.87%	68.45	0.5	0.6	20.53
1998	89.87%	60.73	0.5	0.7	21.26
1999	89.87%	46.21	0.5	0.7	16.17
2000	89.87%	42.70	0.5	0.7	14.95
2001	89.87%	44.00	0.5	0.7	15.40
2002	89.87%	53.79	0.5	0.7	18.83

续表 5-18

年份	母语接近度	国际化强度	国际化效度	国际化速度	标准文本国际化指数
2003	89.87%	61.48	0.5	0.6	18.44
2004	89.87%	32.33	0.5	0.5	8.08
2005	89.87%	69.42	0.5	0.6	20.83
2006	89.87%	83.82	0.5	0.6	25.14
2007	89.87%	56.82	0.5	0.6	17.05
2008	89.87%	221.63	0.5	0.5	55.41
2009	89.87%	104.70	0.5	0.6	31.41
2010	89.87%	93.75	0.5	0.6	28.13
2011	89.87%	53.67	0.5	0.6	16.10
2012	89.87%	60.66	0.5	0.6	18.20
2013	89.87%	57.96	0.5	0.6	17.39
2014	89.87%	41.38	0.5	0.6	12.41
2015	89.87%	44.37	0.5	0.6	13.31
2016	89.87%	38.57	0.5	0.6	11.57
2017	89.87%	24.02	0.5	0.7	8.41

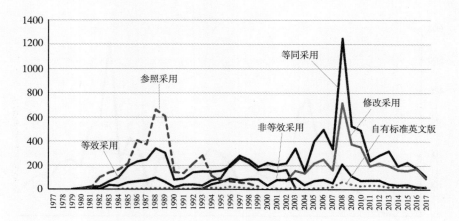

图 5-1　1977—2017 年中国标准采标情况

5.2.6 标准文本国际化指标的发展趋势分析

从图 5-1 可以看出，中国在 1999 年后便没有参照采用国际标准为国内标准，2003 年后没有等效采用国际标准为国内标准，而从 2002 年开始，方出现修改采用国际标准为国内标准，其中主要原因是 2001 年 12 月 4 日国家质量监督检验检疫总局发布施行《采用国际标准管理办法》，同时废止《采用国际标准和国外先进标准管理办法》。《采用国际标准管理办法》规定了采标方法为等同采用（IDT）、修改采用（MOD）和非等效采用（NEQ），不再使用《采用国际标准和国外先进标准管理办法》规定的等效采用（EQV）、参照采用（REF）两个采标办法。

在 2008 年前后一两年，是中国采标与自有标准翻译的顶峰时期，主要原因是"通过一整套标准体系的建立，有效保证了中国'成功举办一届有特色、高水平的奥运会'承诺的兑现"（中国标准化研究院，2009）。标准化是 2008 年北京奥运会筹办过程中的一项重要基础工作，是规范奥运会组织和管理工作的重要手段和技术支撑，标准化工作几乎覆盖了奥运会筹办的各个环节，为后续举办重大活动的组织、服务、保障等各项工作规范化、秩序化等开展提供了科学、有益的指导或借鉴。

如图 5-2 所示，中国标准文本国际化发展情况与中国采标情况一致，在 2008 年前后一两年是中国标准文本国际化指标发展的顶峰时期，标准化的战略

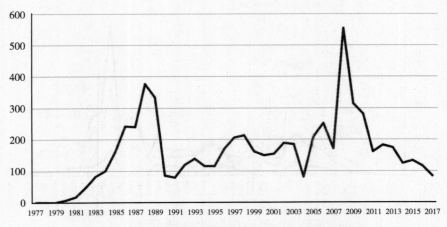

图 5-2 1977—2017 年中国标准文本国际化指标的发展趋势

地位在北京奥运会的保障工作中初步显现出来。

5.3　中国标准使用国际化程度定量评价

《深化标准化工作改革方案》《贯彻实施〈深化标准化工作改革方案〉重点任务分工（2017—2018 年）的通知》强调境外项目采用本国标准，与他国标准互认情况，他国采用本国标准情况及本国标准的海外应用示范。文岗等（2015）认为中国路桥施工企业标准国际化，就是针对中国路桥建设标准在国际路桥贸易领域和建设市场被相关各方接受和遵守的程度。刘春卉、旻苏等（2015）认为要推动中国高铁标准国际化，需建设中国标准高铁示范项目，推进中国与其他铁路发达国家高铁标准互认。柴华、刘怡林（2018）认为需要加强服务于"一带一路"工程建设标准化的顶层设计；制定服务于"一带一路"工程建设标准化的战略措施。

目前国内专家学者对于如何实现标准使用国际化研究不足，政府标准化主管部门刚开始相关标准使用国际化统计，难以了解全貌。由于国际上欧美标准盛行，且不遗余力将本国标准转变成为国际标准；中国标准起步较晚，从建国初照搬苏联标准体系到改革开放的前三十年积极致力于中国标准与国际接轨，再到当前开始中国标准"走出去"研究与初步实践，中国标准使用国际化尚处于初级阶段，有待进一步研究。

本研究梳理现有统计资料与文献，基于具体标准使用国际化事实，进行合理估算，大体计算中国当前标准使用国际化程度，待将来统计数据和文献更为丰富后，将进一步扩展研究。

5.3.1　境外项目本国标准采用度

（1）中国企业境外项目采用本国标准

由于在建国之后，中国标准体系学习苏联模式进行构建，而形成了一种惯性。在改革开放之后，中国标准化体系开始学习国际标准和国外先进标准，超过 2 万项国家标准均与国际标准或国外先进标准存在不同程度的采标关系。但由于中国当时经济基础薄弱，国内生产施工等技术与国际标准或国外先进标准有一定距离，如果均等同采用，在生产施工上可能造成成本过高、技术过于复杂而难以掌握或部分指标与中国国情不符等问题。在修改采用、参照采用、非等效采用国际标准过程中，部分中国标准编写不够严谨，有些标准则是完全根据中国国情而制定。中国企业谙熟本国标准，但在境外项目中使用中国标准却存在诸多不易。在尚未建设标准体系的国家，也可能使用欧美标准，对采用中国标准存在一定阻力；在发达的欧美国家，其境外项目则需要满足当地标准要求，往往是等同或高于国际标准。

中国标准走出去的实践是"以资金带技术，以技术带标准"模式，在欠发达国家的部分援建项目中采用中国标准。如中国交通设计施工企业在巴基斯坦和孟加拉国一半以上的工程采用了中国标准，其他大部分国家多采用本国标准（如哈萨克斯坦、印度尼西亚）或欧美标准（如塔吉克斯坦、喀麦隆、斯里兰卡、文莱等）。中国援建的非洲亚吉铁路全部使用中国标准设计、施工。

在没有中国资金参与的国外项目中，没有看到采用中国标准的报道，说明中国标准在境外使用还有很长的道路要走。欧美标准全球盛行，也并非一朝一夕之功，经过长期的发展才形成今天的局面。中国标准使用国际化将依托于中国越来越强大的国家实力，最终随着中国业务走向世界各地。本研究缺乏相关数据，只能依据零星报道，假设2000—2010年期间，每年有50项中国标准被中国企业境外项目所采用；2011—2017年间，每年有100项标准被中国企业境外项目所采用。

（2）外国企业项目采用中国标准

《标准联通共建"一带一路"行动计划（2018—2020年）》提出制定推进"一带一路"建设相关领域中国标准名录，推动中国标准在"一带一路"建设中的应用。但由于能找到的数据有限，本研究假设截至2017年底，尚未有外国企业项目采用中国标准。

（3）境外项目中国标准采用度指标计算

根据4.5.1节三级指标赋值说明及上文（1）（2）项对1977—2017年的评定情况，1977—1999年，境外项目中国标准采用度指标为0分；2000—2010年，境外项目中国标准采用度指标为2.5分；2011—2017年，境外项目中国标准采用度指标为5分。

5.3.2　标准国际互认度

（1）两国或多国标准互认协议签约

《深化标准化工作改革方案》提出要推动与主要贸易国之间的标准互认。《标准联通共建"一带一路"行动计划（2018—2020年）》提出努力推动与沿线国家新发布一批互认标准，在双边贸易发展、科技进步和产业转型升级的重点领域，推动国家间标准化主管机构开展标准互换互认和标准比对工作，努力提高标准一致性程度。持续推进标准互换互认，进一步扩大标准交换范围，开展交换标准的翻译、比对和适用性分析验证工作，形成全面的互认标准目录。截止到2017年12月底，国家标准委已与英国、法国等21个"一带一路"沿线国家签署了标准互认协议，其中中英互认标准62项，中法互认11项。

但在与上述英法两国互认标准当中，均为两国等同采用国际标准的国内标准，尚未有本国独立研制标准在他国互认情况，这类互认协议属于浅层次互认，政治意义大于经济意义。即便没有这些标准互认协议，根据WTO贸易规则，依据等同采用国际标准的两国标准进行检验检测，其结果也是世界所认可的。本研究假设2012—2017年中国签订的两国或多国标准互认协议为1项，2011年及以前虽然双边或多边也签订了很多标准化合作协议，均视为0项。在标准互认的道路上，中国还有很长的道路要走。

（2）按照中国标准进行检验被他国认可

《共建"一带一路"：理念、实践与中国的贡献》提出中国将与"一带一路"沿线国家共同努力，促进计量标准"一次测试、一张证书、全球互认"，推动认证认可和检验检疫"一个标准、一张证书、区域通行"。依托于等同采用国际标准的中国标准进行的认证认可和检验检疫，可以实现"一个标准、一张证书、区域通行"；依托于中国自有标准所进行的认证认可和检验检疫目前尚未获得他国认可。本研究将按照本国标准进行检验被他国认可设定为0。

（3）标准国际互认度指标计算

根据4.5.1节三级指标赋值说明及上文（1）（2）项对1977—2017年的评定情况，1977—2011年，标准国际互认度指标为0分；2012—2017年，标准国际互认度指标为5分。

5.3.3 他国采用中国标准度

（1）他国等同采用中国标准

迄今为止，未有报道显示他国等同采用中国标准。因此，1977—2017年，他国等同采用中国标准数量为 0。

（2）他国修改采用中国标准

迄今为止，未有报道显示他国修改采用中国标准。因此，1977—2017 年，他国修改采用中国标准数量为 0。

（3）他国非等效采用中国标准

迄今为止，未有报道显示他国非等效采用中国标准。因此，1977—2017 年，他国非等效采用中国标准数量为 0。

（4）他国编制标准时明确参照采用中国标准

他国在编制标准时参照了相关中国标准，虽然没有清楚标明差异，但有利于扩大中国标准在该国的影响力。比如，2017 年 5 月 1 日，蒙古宣布执行最新国家标准 MNS 0179—2016《白酒和特定酒通用技术要求》。在这项新标准中，GB/T 18356—2007《地理标志产品　贵州茅台酒》中的 53% vol 茅台酒指标被蒙古采用，这是蒙古首次采用中国酒类标准指标，进一步推进中国标准被蒙古引用转化，破解中蒙贸易的技术性壁垒。

另有一些报道境外企业参考采用中国标准为企业标准，但不在本研究范围之内。因此，本研究将 1977—2016 年，他国编制标准时明确参照采用中国标准数量为 0，2017 年为 1。

（5）他国采用中国标准度指标计算

根据 4.5.1 节三级指标赋值说明及上文（1）~（4）项对 1977—2017 年的评定情况，1977—2016 年，他国采用中国标准度指标为 0 分；2017 年，他国采用中国标准度为 0.2 分。

5.3.4　标准海外示范度

（1）由中国在他国建立中国标准示范基地

迄今为止，未有报道显示中国在他国建立中国标准示范基地。因此，1977—2017 年间，在他国建立中国标准示范基地数量为 0。

（2）由他国在他国利用中国标准建立示范基地

迄今为止，未有报道显示他国利用中国标准建立示范基地。因此，1977—2017 年间，他国利用中国标准建立示范基地数量为 0。

（3）在他国或国际设立中国标准办事处

迄今为止，未有报道显示中国在他国或国际设立中国标准办事处。因此，1977—2017 年间，中国在他国或国际设立中国标准办事处数量为 0。

（4）标准海外示范度指标计算

根据 4.5.1 节三级指标赋值说明及上文（1）~（3）项对 1977—2017 年的评定情况，1977—2017 年，标准海外示范度指标为 0 分。

5.3.5　标准使用国际化指标计算

根据 4.5.1 节三级指标赋值说明及 5.3.1~5.3.4 节对四项二级指标计算指数值情况，汇总中国标准使用国际化指数值情况，见表 5-19。

表 5-19　标准使用国际化指标统计

年份	境外项目本国标准采用度（25%）	标准国际互认度（25%）	他国采用本国标准度（25%）	标准海外示范度（25%）	指数值
1977	0	0	0	0	0
1978	0	0	0	0	0
1979	0	0	0	0	0
1980	0	0	0	0	0
1981	0	0	0	0	0
1982	0	0	0	0	0
1983	0	0	0	0	0
1984	0	0	0	0	0
1985	0	0	0	0	0
1986	0	0	0	0	0
1987	0	0	0	0	0
1988	0	0	0	0	0
1989	0	0	0	0	0
1990	0	0	0	0	0
1991	0	0	0	0	0
1992	0	0	0	0	0

续表 5-19

年份	境外项目本国标准采用度（25%）	标准国际互认度（25%）	他国采用本国标准度（25%）	标准海外示范度（25%）	指数值
1993	0	0	0	0	0
1994	0	0	0	0	0
1995	0	0	0	0	0
1996	0	0	0	0	0
1997	0	0	0	0	0
1998	0	0	0	0	0
1999	0	0	0	0	0
2000	2.5	0	0	0	0.625
2001	2.5	0	0	0	0.625
2002	2.5	0	0	0	0.625
2003	2.5	0	0	0	0.625
2004	2.5	0	0	0	0.625
2005	2.5	0	0	0	0.625
2006	2.5	0	0	0	0.625
2007	2.5	0	0	0	0.625
2008	2.5	0	0	0	0.625
2009	2.5	0	0	0	0.625
2010	2.5	0	0	0	0.625
2011	5	0	0	0	1.25
2012	5	5	0	0	2.5
2013	5	5	0	0	2.5
2014	5	5	0	0	2.5
2015	5	5	0	0	2.5
2016	5	5	0	0	2.5
2017	5	5	0.2	0	2.55

5.3.6 标准使用国际化指标的发展趋势分析

从表 5-19 可以看出，中国标准使用国际化指标在 1977—2000 年，尚未有标准在境外使用；从 2000 年开始至今，标准使用国际化指标开始有所提升，基本上呈上升趋势，以 2017 年为顶峰，但仍处于极低水平。

5.4 中国标准活动国际化程度定量评价

《参加国际标准化组织（ISO）和国际电工委员会（IEC）国际标准化活动管理办法》（质检总局和国家标准委 2015 年第 36 号文件）认定参加国际标准化活动是指参加国际标准化组织（ISO）和国际电工委员会（IEC）的相关活动，通过统计历年中国标准化年鉴、中国标准化发展研究报告、国际标准化发展研究报告，能够获得中国改革开放近 40 年标准活动国际化比较全面的数据。基于这些数据，展开研究。

参加国际标准化相关活动、参与编制国际标准只是在国际场合发出中国声音，为中国在国际分工合作与贸易规则中争取利益，但不是中国标准及其内容"走出去"，即便是由中国专家发起并起草相关国际标准，这类国际标准也不全是中国标准利益的体现，还需要等同采用或修改采用为中国标准。

5.4.1 国内外标准化工作合作度

（1）与国外标准机构共同制定区域性标准

发达国家通过国际和地区标准化组织，积极主导国际和地区标准的制修订，将有国际化和区域性潜力的国家标准转化成国际标准和地区标准，如欧洲标准（EN）、非洲标准（SABS）。中国也应积极加强区域标准化研究，推动建立区域标准化研究中心，促成编制区域性标准。

迄今为止，未有报道显示中国与国外标准机构共同制定区域性标准。因此，1977—2017 年，中国与国外标准机构共同制定区域性标准数量为 0。

（2）组织实施标准化合作项目

《标准联通共建"一带一路"行动计划（2018—2020 年）》提出加快与俄罗斯、白俄罗斯、塞尔维亚等 12 个签署协议国家合作对接，推动将标准化纳入国家外交、科技、商务、质检等国家间合作框架协议。在交通基础设施方面，持续完善铁路、公路、水运、民航等技术标准体系，开展标准外文版制定。在能源基础设施方面，开展沿线国家油气管道标准分析研究，加强与俄罗斯、白俄罗斯、哈萨克斯坦等国家在电力、电网和新能源等领域的国际标准化合作，促进国家和地区间能源资源优化配置。在信息基础设施方面，倡导研制城市间信息互联互通标准，在沿线国家开展中国数字电视技术标准、中国巨幕系统和激光放映技术、点播影院技术规范的示范推广，推动联合开展本地化数字电视标准制定。

据《中国标准化年鉴1985》统计，1979—1984年，中国同德国、法国、美国、英国、瑞典、加拿大和巴西等国家的标准化机构签订了双边技术合作协议；同29个国家建立了标准资料交换关系。在2016年9月在北京召开的第39届ISO大会上，中国签订了11份双边或多边合作协议。据《中国标准化年鉴2016》统计，截至2015年底，中国国家标准化管理委员会与34个国家和地区签署标准化合作协议60份。据《中国标准化年鉴2017》统计，截至2016年底，中国国家标准化管理委员会与43个国家和地区签署标准化合作协议71份，其中"一带一路"沿线国家21份，含有提升标准一致性水平条款的协议28份。2017年5月"一带一路"国际合作高峰论坛前后，由国家标准委发起，中国与俄罗斯、蒙古、马来西亚等12个国家标准化机构签署《关于加强标准合作，助推"一带一路"建设联合倡议》。至此，中国与55个国家和地区签署标准化合作协议。其他年份除了《中国标准化年鉴1985》统计1979年至1984年，中国同德国、法国、美国、英国、瑞典、加拿大和巴西7国标准化机构签订了双边技术合作协议，还同29国建立了标准资料交换关系。《中国标准化年鉴1988》统计双边技术合作协议签约国增加了捷克斯洛伐克（增加至8国）。其他年份缺乏统计数据，按照区间平均递增方式将数据补充完整。

中国历年组织实施标准化合作项目数量见表5-20。

（3）成立跨国标准化交流互鉴机制

《标准联通共建"一带一路"行动计划（2018—2020年）》的主要目标之一是标准化开放合作不断深化。巩固提高与欧洲、东盟、金砖国家、东北亚、北美、非洲、大洋洲等区域国家标准化合作水平，拓展延伸与中东欧、中亚、西亚、阿拉伯国家等区域标准化合作渠道，基本实现全面建成与"一带一路"沿线重点国家畅通的标准化合作机制。《中日韩标准化合作联合声明》规定"研究协调共同关心的重点领域的标准，以共同制定和提出协调一致的国际标准"。东北亚标准合作会议已成为重要的中日韩标准化合作平台。1977—2017年期间，中国每年都有标准化出访和来访活动，进行各层次交流。如1978年10月，中国标准化局到罗马尼亚考察，受该国《质量法》影响，建议国家经委制定《产品质量法》；1979年，中国与德国标准化协会（DIN）签订两国标准化协议；1980年，国家标准总局质量认证考察组赴法国考察学习；1981年，中国第一个企业标准化考察团到日本考察；等等。部分年份缺少统计数据，按照相间隔年份取平均数，具体统计情况见表5-20。

（4）国内外标准化工作合作度指标计算

根据4.5.1节三级指标赋值说明及上文（1）~（3）项对1977—2017年的评定情况，1977—2017年，国内外标准化工作合作度指标指数值计算见表5-20。

表5-20　国内外标准化工作合作度指标统计

年份	与国外标准机构共同制定区域性标准（50%）	双边/多边合作协议（25%）	跨国标准化交流互鉴机制（25%）	指数值
1977	0	0	2	0.5
1978	0	0	4	1
1979	0	1	4	1.25
1980	0	2	4	1.5
1981	0	3	4	1.75
1982	0	4	4	2
1983	0	5	6	2.75
1984	0	7	6	3.25
1985	0	7	10	4.25
1986	0	8	22	7.5
1987	0	8	45	13.25
1988	0	8	46	13.5
1989	0	8	46	13.5
1990	0	8	46	13.5
1991	0	8	46	13.5

续表 5-20

年份	与国外标准机构共同制定区域性标准（50%）	双边/多边合作协议（25%）	跨国标准化交流互鉴机制（25%）	指数值
1992	0	8	46	13.5
1993	0	8	46	13.5
1994	0	8	46	13.5
1995	0	8	46	13.5
1996	0	8	46	13.5
1997	0	8	46	13.5
1998	0	8	46	13.5
1999	0	8	46	13.5
2000	0	8	46	13.5
2001	0	6	46	13
2002	0	6	46	13
2003	0	6	46	13
2004	0	6	46	13
2005	0	6	47	13.25
2006	0	7	41	12
2007	0	7	41	12
2008	0	7	41	12
2009	0	11	41	13
2010	0	15	41	14
2011	0	19	41	15
2012	0	23	41	16
2013	0	27	41	17
2014	0	30	41	17.75
2015	0	34	36	17.5
2016	0	43	52	23.75
2017	0	55	24	19.75

5.4.2　国际组织任职数

（1）担任国际标准组织中央管理机构的官员或委员

指由中国代表担任国际标准化组织（ISO）、国际电工委员会（IEC）和国际电信联盟（ITU）主席、副主席或秘书长等职务，以及执行委员会委员、技术管理局成员。在 1977—2017 年间，中国分别于 1983—1994 年、1996—1997年、2000—2001 年、2004—2005 年担任 ISO 理事会成员，于 1989—1991 年、1993 年、1994—1995 年、2003 年至今担任 ISO 技术管理局成员。鞍钢集团副董事长张晓刚在 2015—2017 年间担任 ISO 主席。中国分别于 1981—1986 年、1988—1992 年担任 ISO 执行委员会委员，时任国家技术监督局副局长鲁绍曾于1991—1993 年担任 IEC 副主席，中国华能集团有限公司董事长舒印彪从 2013年至今一直担任 IEC 副主席，并将于 2020—2022 年担任 IEC 主席。1977—2017年间，中国一直担任 ITU 理事国，赵厚麟于 1986 年经中国政府推荐被 ITU 录用，于 2015 年起至今担任 ITU 秘书长，并将连任至 2022 年。相关统计信息见表 5-21。

表 5-21　国际组织任职数指标统计

年份	国内TC数	担任国际标准组织中央管理机构的官员或委员（30%）	担任国际标准组织技术机构负责人（30%）	承担国际标准组织技术机构秘书处工作（20%）	担任工作组召集人或注册专家（10%）	承担国际标准组织技术机构的国内技术对口单位工作（10%）	指数值
1977	5	0	0	0	0	0	0.00
1978	10	0	0	0	32	16	1.12
1979	15	0	0	0	56	28	1.96
1980	19	0	0	0	76	38	2.67
1981	22	1	0	0	95	47	4.82
1982	27	1	0	0	114	57	5.51
1983	35	1	0	0	135	68	6.23
1984	47	1	0	0	157	78	6.98
1985	73	1	0	0	182	91	7.85

续表 5-21

年份	国内 TC 数	担任国际标准组织中央管理机构的官员或委员（30%）	担任国际标准组织技术机构负责人（30%）	承担国际标准组织技术机构秘书处工作（20%）	担任工作组召集人或注册专家（10%）	承担国际标准组织技术机构的国内技术对口单位工作（10%）	指数值
1986	84	2	0	0	200	100	10.00
1987	111	1	0	1	221	111	9.54
1988	139	2	0	1	241	121	11.74
1989	152	2	0	1	259	129	12.35
1990	173	2	0	1	277	138	12.99
1991	189	3	1	2	368	147	16.44
1992	200	2	1	3	389	156	15.87
1993	205	2	3	5	445	178	18.75
1994	211	1	3	5	445	178	17.25
1995	218	1	4	5	450	180	17.70
1996	224	0	4	5	456	182	16.37
1997	233	0	4	5	462	185	16.55
1998	238	0	4	5	467	187	16.71
1999	245	0	4	5	473	189	16.88
2000	258	0	4	5	479	191	17.06
2001	259	0	4	5	484	194	17.22
2002	240	0	4	5	489	196	17.38
2003	259	1	4	8	495	198	19.95
2004	264	1	6	9	500	200	21.02
2005	273	1	7	13	500	200	22.50
2006	275	1	12	15	553	201	25.18
2007	295	1	15	22	721	213	30.46

续表 5-21

年份	国内 TC 数	担任国际标准组织中央管理机构的官员或委员（30%）	担任国际标准组织技术机构负责人（30%）	承担国际标准组织技术机构秘书处工作（20%）	担任工作组召集人或注册专家（10%）	承担国际标准组织技术机构的国内技术对口单位工作（10%）	指数值
2008	445	1	22	29	1007	312	42.47
2009	478	1	23	37	1173	337	48.08
2010	485	1	28	50	1190	340	53.80
2011	504	1	33	57	1300	348	58.90
2012	516	2	35	60	1428	357	63.63
2013	521	2	39	63	1452	363	66.27
2014	526	2	43	68	1466	366	69.28
2015	536	3	54	77	1494	373	77.41
2016	533	3	59	81	2000	379	85.45
2017	540	3	67	85	2100	380	90.10

注：底色数据为估算数。

（2）担任国际标准组织技术机构负责人

它是指由中国代表担任 ISO、IEC 和 ITU 技术委员会（TC）、分技术委员会（SC）主席或副主席职务。据《中国标准化年鉴 1992》记录，1991 年 10 月马德里会议决定由中国承担新成立的 ISO/TC 202 微束分析技术委员会秘书处，并出任主席和秘书；据《2013 中国标准化发展研究报告》附录 6 记录，ISO/TC 202 首任主席是中国科学院化学研究所徐坚。根据国家标准化管理委员会发布的统计数据，截至 2017 年底，中国承担 ISO/IEC 技术机构（TC/SC）的 67 个主席副主席职务。相关统计信息见表 5-21。

（3）承担国际标准组织技术机构秘书处工作

它是指由中国机构承担 ISO、IEC 和 ITU 技术委员会（TC）、分技术委员会（SC）秘书处工作，一般秘书处秘书也由相应机构人员担任，负责该 TC 或 SC 日常工作。据《2013 中国标准化发展研究报告》附录 5 记录，中国承担的第一个国际标准组织分技术委员会秘书处是 1987 年承担的 ISO/TC 20/SC 1 航空航天 / 航空器电器分技术委员会秘书处，设在中国航空综合技术研究所，首任秘书是高丽稳；中国承担的第一个国际标准组织技术委员会秘书处是 1991 年承担的 ISO/TC 202 微束分析技术委员会秘书处，设在中国科学院化学研究所，首任秘书是徐坚。根据国家标准化管理委员会发布的统计数据，截至 2017 年底，中国承担 ISO/IEC 技术机构的 85 个秘书处。相关统计信息见表 5–21。

（4）担任工作组召集人或注册专家

它是指由中国代表承担 ISO、IEC 和 ITU 标准工作组召集人或注册专家，参与制定标准。如中国标准化研究院服务标准化研究所副研究员曹俐莉从 2017 年至今一直担任 ISO/TC 232/WG 6 召集人，北京悦尔信息技术有限公司董事长蒙永业从 2017 年至今担任 ISO/TC 37/SC 5/WG 1 笔译标准工作组注册专家。中国只有个别年份统计标准工作组注册专家或召集人数据。《2007 中国标准化发展研究报告》统计，2006 年中国参与 ISO 标准制修订工作组的注册专家数量大幅度增长，达到 278 名；IEC 注册专家也大幅增长，达到 275 名，全年共计 553 名。《2009 中国标准化发展研究报告》统计，截至 2008 年底，中国在 ISO 和 IEC 的注册专家共达到 1007 人次，比 2007 年底增加了 286 人次。则 2007 年中国在 ISO 和 IEC 的注册专家为 721 人次。《2011 中国标准化发展研究报告》统计，截至 2011 年底，中国在 ISO 和 IEC 的注册专家达到 1300 人。《中国标准化年鉴 2017》统计，截至 2016 年底，中国注册国际标准化专家达到了 2000 人。其他年份中国在 ISO 和 IEC 的注册专家数量缺乏统计，由笔者计算如下：1977—1990 年，按照国内技术对口单位数量乘以 2 进行合理估算；1991—2005 年，按照国内技术对口单位数量乘以 2.5 进行合理估算；2009—2010 年，按照国内技术对口单位数量乘以 3.5 进行合理估算；2012—2015 年，按照国内技术对口单位数量乘以 4 进行合理估算。相关统计信息见表 5–21。

（5）承担国际标准组织技术机构的国内技术对口单位工作

承担 ISO 和 IEC 技术机构的国内技术对口单位工作，以积极成员或观察员的身份参加技术机构的活动。据《标准是这样炼成的：当代中国标准化的口述历史》记载，1980 年，ISO/TC 176 成立，1981 年中国申请加入 ISO/TC 176，成为观察成员国，标准化综合研究所作为 TC 176 的归口单位（中国标准化研究院，2014）。

　　《中国标准化年鉴 1994》首次统计了国际标准化组织的国内技术归口工作，归口单位的主要任务是负责接收和登记 ISO/IEC 技术文件，及时组织力量对这些技术文件进行分析、研究、验证并提出中国意见，按期投票，组织力量翻译国际标准，及时向国内各有关单位传送技术文件，向有关主管部门提出中国采用国际标准的意见和建议等。截至 1993 年底，ISO 国内技术归口单位共 107 个，占 ISO 共 182 个技术委员会的 58%；IEC 国内技术归口单位共 71 个，占 IEC 总计 87 个技术委员会的 81.61%，两项共计 178 个。《中国标准化年鉴 1995》统计 1994 年国内归口情况与 1993 年相同。

　　据《2006 中国标准化发展研究报告》附录 9 全国标准化专业技术委员会一览表统计，截至 2005 年底，ISO 的 192 个技术委员会中，有 128 个在中国有与之对应的技术组织，占比 66.67%；在 IEC 的 92 个技术委员会中，有 68 个在中国有与之对应的技术组织，占比 73.91%；加上 4 个其他国际标准化组织，当年合计对口单位数量为 200 家。《2007 中国标准化发展研究报告》附录 5 显示，2006 年新成立的全国标准化技术组织中有 1 个 TC 对口国际组织，对口单位数量达到 201 家。《2008 中国标准化发展研究报告》附录 3 显示，2007 年新成立的全国标准化技术组织中有 12 个 TC 对口国际组织，对口单位数量达到 213 家。《2009 中国标准化发展研究报告》附录 2 显示，2008 年新成立的全国标准化技术组织中有 99 个 TC 对口国际组织，对口单位数量达到 312 家。《2011 中国标准化发展研究报告》附录 4 显示 2009 年新成立的全国标准化技术组织中有 25 个 TC 对口国际组织，对口单位数量达到 337 家；附录 5 显示 2010 年新成立的全国标准化技术组织中有 3 个 TC 对口国际组织，对口单位数量达到 340 家；附录 6 显示 2011 年新成立的全国标准化技术组织中有 8 个 TC 对口国际组织，对口单位数量达到 348 家。《2013 中国标准化发展研究报告》附录 3 显示，2012 年新成立的全国标准化技术组织中有 9 个 TC 对口国际组织，对口单位数量达到 357 家；2013 年新成立的全国标准化技术组织中有 6 个 TC 对口国际组织，对口单位数量达到 363 家。

　　所缺 2014—2017 年统计数据，按照两年间国内技术委员会增速来测算，2014 年对口单位数量为 366，2015 年对口单位数量为 373，2016 年对口单位数量为 379，2017 年对口单位数量为 380。对于其他缺数据年份，补充数据操作方法与此相同，见表 5–21。

（6）国际组织任职数指标指数值计算

根据 4.5.1 节三级指标赋值说明及上文（1）~（5）项对 1977—2017 年的评定情况，1977—2017 年，国际组织任职数指标指数值计算见表 5-21。

5.4.3　国际组织活动参与度

（1）加入国际标准组织的数量

在 ISO 于 1947 年成立之时，中国以国民政府身份加入 ISO 并担任理事会成员（1947—1949 年）。1949 年新中国成立后，中国标准体系采用苏联模式，没有再参加 ISO 相关活动。中国于 1978 年重新加入 ISO，此后每年参加 ISO 举办的各种活动，采用 ISO 标准为国内标准。中国于 1957 年 8 月加入 IEC，基本上均参加 IEC 大会，改革开放以后，参加 IEC 每年举办的各种活动。中国早在 1920 年就参加了 ITU，在 1947 年当选为行政理事会理事国，于 1972 年 5 月通过决议恢复中国的正式席位，我们积极参加 ITU 各种活动。并逐步在国内承办国际标准化相关 TC、SC 活动。

根据上述统计，中国在 1977 年为 IEC、ITU 成员，从 1978 年起，为 ISO、IEC、ITU 三大国际标准化组织成员国。

（2）承办国际标准组织大会

在中国承办国际标准组织大会是向国际社会介绍中国标准的舞台。比如，2016 年 9 月 9—14 日由中国国家标准化管理委员会在北京承办第 39 届 ISO 大会，习近平总书记发来贺信，李克强总理进行主旨发言，国务院部际联席会议 38 个成员单位的主要负责人参加大会，大会制定并发布《ISO 2016—2020 年发展战略规划》，选举 ISO 下一任主席、副主席、理事会成员和秘书长，发布了《北京宣言》，扩大了中国影响。中国在 1999 年承办了第 22 届 ISO 大会，还在 1990 年和 2002 年于北京分别承办了 IEC 第 54 届和第 66 届大会，并在 2019 年于上海承办第 83 届 IEC 大会。

（3）加入国际标准组织 TC、SC 数量

加入国际标准化组织技术机构（TC、SC），积极参加相关技术机构每年例行年会，参与相关技术机构标准起草、讨论、投票等活动。《中国标准化年鉴 1985》统计，1984 年，中国以积极成员身份参加 ISO 组织的 80 个 TC、247 个 SC，以及 IEC 组织的全部 80 个 TC，合计 407 家。《中国标准化年鉴 1986》统

计，1985 年，中国以积极成员身份参加 ISO 组织的 103 个 TC、291 个 SC，以及 IEC 组织的全部 80 个 TC，合计 474 家。《中国标准化年鉴 1988》统计，1987 年，中国以积极成员身份参加国际标准化组织 109 个 TC、317 个 SC 的活动，合计 426 个。《中国标准化年鉴 1994》统计，1993 年，ISO 现有 TC 182 个，SC 633 个，中国以积极成员身份参加其中 471 个，占 58%；IEC 现有 TC 84 个，SC 114 个，中国全部以积极成员身份参加，合计 669 个。据《2006 中国标准化发展研究报告》统计，2005 年，中国加入 ISO TC/SC 数量为 733 个，加入 IEC TC/SC 数量为 188 个，合计 921 个。据《2009 中国标准化发展研究报告》统计，2008 年，中国加入 ISO TC/SC 数量为 743 个，加入 IEC TC/SC 数量为 171 个，合计 914 个。据《2011 中国标准化发展研究报告》统计，2011 年，中国加入 ISO TC/SC 数量为 710 个，加入 IEC TC/SC 数量为 177 个，合计 887 个。据《2013 中国标准化发展研究报告》统计，2013 年，中国加入 ISO TC/SC 数量为 715 个，加入 IEC TC/SC 数量为 174 个，合计 889 个。其他年份缺乏统计数据。

（4）国际标准化组织活动参与度指标计算

根据 4.5.1 节三级指标赋值说明及上文（1）~（5）项对 1977—2017 年的评定情况，1977—2017 年，国际标准化组织活动参与度指标指数值计算见表 5-22。

表 5-22　我国对国际标准化组织活动参与度指标指数值

年份	加入国际标准组织（25%）	承办国际标准组织大会（50%）	加入国际标准化组织TC、SC 数量（25%）	指数值
1977	2	0	0	5.00
1978	3	0	10	8.75
1979	3	0	20	10.00
1980	3	0	40	12.50
1981	3	0	80	17.50
1982	3	0	160	27.50
1983	3	0	320	47.50
1984	3	0	407	58.38
1985	3	0	474	66.75

续表 5-22

年份	加入国际标准组织 （25%）	承办国际标准组织大会 （50%）	加入国际标准化组织 TC、SC 数量（25%）	指数值
1986	3	0	450	63.75
1987	3	0	426	60.75
1988	3	0	456	64.50
1989	3	0	486	68.25
1990	3	1	516	77.00
1991	3	0	546	75.75
1992	3	0	576	79.50
1993	3	0	669	91.13
1994	3	0	689	93.63
1995	3	0	709	96.13
1996	3	0	729	98.63
1997	3	0	749	101.13
1998	3	0	769	103.63
1999	3	1	789	111.13
2000	3	0	809	108.63
2001	3	0	829	111.13
2002	3	1	849	118.63
2003	3	0	869	116.13
2004	3	0	889	118.63
2005	3	0	921	122.63
2006	3	0	919	122.38
2007	3	0	917	122.13
2008	3	0	914	121.75
2009	3	0	904	120.50
2010	3	0	994	131.75

续表 5-22

年份	加入国际标准组织（25%）	承办国际标准组织大会（50%）	加入国际标准化组织 TC、SC 数量（25%）	指数值
2011	3	0	887	118.38
2012	3	0	888	118.50
2013	3	0	889	118.63
2014	3	0	890	118.75
2015	3	0	891	118.88
2016	3	1	892	124.00
2017	3	0	893	119.13

注：底色数据为估算数。

5.4.4 国际标准制修订我国参与度

（1）提出国际标准新工作项目

据 1985 年、1986 年、1988 年、1990 年《中国标准化年鉴》记载，1977—1984 年，中国只是对国际标准提案进行认真研究，并进行投票，尚未有国际标准提案。中国在 1987 年承担第一个国际标准化组织 SC 秘书处之后，于 1991 又承担第一个国际标准化组织 TC 秘书处和主席国，参与国际标准化工作热情高涨。据《中国标准化年鉴 1992》记载，中国在 1991 年向 ISO 和 IEC 提交了 5 项中国负责起草的国际标准草案，其中 IEC 包括《纤维光学隔离器总规范》《发光二极管空白详细规范》《短弧氙灯》，ISO 包括《产品包装标准编写指南》和《八角香精料》。据《中国标准化年鉴 1994》和《中国标准化年鉴 1995》统计，截至 1994 年底，实际确立为工作项目的中国提案约 20 项，鉴于中国主导的国际标准在 1981 年和 1989 年分别分布 1 项，则除去 1991 年 5 项，本研究假设 1978—1980 年间提案 5 项，1981—1990 年间提案 5 项，1992—1994 年间提案 5 项。《2008 中国标准化发展研究报告》显示 2004—2007 年中国新国际标准项目提案数量分别为 8、3、11、22 项。《2009 中国标准化发展研究报告》显示，2008 年中国新国际标准项目提案数量为 22 项。《2011 中国标准化发展研究报告》显示，2009—2011 年，中国新国际标准项目提案数量为 67 项，则三年提案数量分别假设为 20、20、27。《2013 中国标准化发展研究报告》显示，中国新国际标准项目提案数量 2012 年为 64 项，2013 年为 53 项。《2015 中国标准化发展研究报告》显示，截至 2015 年底，中国新国际标准项目提案达 340 项。据《中国标准化年鉴 2017》统计，截至 2016 年底，中国向 ISO、IEC 提出的国际标准提案数量达到 160 项，超过 2014 年与 2015 年提案的总和。其他缺数据年份，依据历年中国主导国际标准发布数提前两年时间进行预估，具体见表 5-23。

表 5-23　国际标准制修订我国参与度指标统计

年份	提出国际标准新工作项目数量（20%）	中国主导 ISO/IEC 标准发布数（60%）	加入国际标准化组织 TC、SC 数量（参考用）	参加国际标准制修订数量（20%）	指数值
1977	0	0	0	0	0
1978	1	0	10	2	0.6
1979	2	0	20	4	1.2
1980	2	0	40	8	2
1981	0	1	80	16	3.8
1982	0	0	160	32	6.4
1983	1	0	320	64	13
1984	1	0	407	81	16.48
1985	0	0	474	95	18.96
1986	1	0	450	90	18.2
1987	1	0	426	85	17.24
1988	1	0	456	91	18.44
1989	0	1	486	97	20.04
1990	0	0	516	103	20.64
1991	5		546	109	22.84
1992	2	0	576	115	23.44
1993	2	0	669	134	27.16

续表 5-23

年份	提出国际标准新工作项目数量（20%）	中国主导 ISO/IEC 标准发布数（60%）	加入国际标准化组织 TC、SC 数量（参考用）	参加国际标准制修订数量（20%）	指数值
1994	1	1	689	138	28.36
1995	0	0	709	142	28.36
1996	0	0	729	146	29.16
1997	0	2	749	150	31.16
1998	5	1	769	154	32.36
1999	5	2	789	158	33.76
2000	5	5	809	162	36.36
2001	5	10	829	166	40.16
2002	5	8	849	170	39.76
2003	5	2	869	174	36.96
2004	8	14	889	178	45.56
2005	3	4	921	184	39.84
2006	11	9	919	184	44.36
2007	22	8	917	183	45.88
2008	22	9	914	183	46.36
2009	20	15	904	181	49.16
2010	20	19	994	199	55.16
2011	27	18	887	177	51.68
2012	64	26	888	178	63.92
2013	53	37	889	178	68.36
2014	20	43	890	178	65.4
2015	20	60	891	178	75.64
2016	160	38	892	178	90.48
2017	160	119	893	179	139.12

注：底色数据为估算数。

（2）主导国际标准制修订工作

指的是由中国主导制定国际标准起草、修订工作。据《中国标准化年鉴2017》统计，截至2016年底，中国主导制定国际标准333项，其中ISO标准217项，IEC标准116项。具体数据见表5-23。

（3）参加国际标准制修订工作

目前缺乏统计数据，只能以中国加入国际标准组织TC、SC的数量×0.2来进行估算，意味着加入相应技术机构后，中国将积极参加相关技术机构各种标准制修订工作，在标准中体现出中国的诉求。如据《中国标准化年鉴2017》统计，中国积极参与626个ISO技术机构的活动，占所有技术机构的89%。所有数据均基于估算数据。

（4）国际标准制修订我国参与度指标计算

根据4.5.1节三级指标赋值说明及上文（1）~（3）项对1977—2017年的评定情况，1977—2017年，国际标准制修订参与度指标指数值计算见表5-23。

5.4.5　标准活动国际化指标计算

根据4.5.1节三级指标赋值说明及5.4.1~5.4.4节对四项二级指标计算指数值情况，汇总中国标准活动国际化指数值情况，见表5-24。

表5-24　标准活动国际化指标统计

年份	国内外标准化工作合作度（10%）	国际组织任职数（10%）	国际组织活动参与度（10%）	国际标准制修订参与度（70%）	指数值
1977	0.5	0	5	0	0.55
1978	1	1.12	8.75	0.6	1.51
1979	1.25	1.96	10	1.2	2.16
1980	1.5	2.67	12.5	2	3.07
1981	1.75	4.82	17.5	3.8	5.07
1982	2	5.51	27.5	6.4	7.98
1983	2.75	6.23	47.5	13	14.75

续表 5-24

年份	国内外标准化工作合作度（10%）	国际组织任职数（10%）	国际组织活动参与度（10%）	国际标准制修订参与度（70%）	指数值
1984	3.25	6.98	58.38	16.48	18.40
1985	4.25	7.85	66.75	18.96	21.16
1986	7.5	10	63.75	18.2	20.87
1987	13.25	9.54	60.75	17.24	20.42
1988	13.5	11.74	64.5	18.44	21.88
1989	13.5	12.35	68.25	20.04	23.44
1990	13.5	12.99	77	20.64	24.80
1991	13.5	16.44	75.75	22.84	26.56
1992	13.5	15.87	79.5	23.44	27.30
1993	13.5	18.75	91.13	27.16	31.35
1994	13.5	17.25	93.63	28.36	32.29
1995	13.5	17.7	96.13	28.36	32.59
1996	13.5	16.37	98.63	29.16	33.26
1997	13.5	16.55	101.13	31.16	34.93
1998	13.5	16.71	103.63	32.36	36.04
1999	13.5	16.88	111.13	33.76	37.78
2000	13.5	17.06	108.63	36.36	39.37
2001	13	17.22	111.13	40.16	42.25
2002	13	17.38	118.63	39.76	42.73
2003	13	19.95	116.13	36.96	40.78
2004	13	21.02	118.63	45.56	47.16
2005	13.25	22.5	122.63	39.84	43.73
2006	12	25.18	122.38	44.36	47.01
2007	12	30.46	122.13	45.88	48.58

续表 5-24

年份	国内外标准化工作合作度（10%）	国际组织任职数（10%）	国际组织活动参与度（10%）	国际标准制修订参与度（70%）	指数值
2008	12	42.47	121.75	46.36	50.07
2009	13	48.08	120.5	49.16	52.57
2010	14	53.8	131.75	55.16	58.57
2011	15	58.9	118.38	51.68	55.40
2012	16	63.63	118.5	63.92	64.56
2013	17	66.27	118.63	68.36	68.04
2014	17.75	69.28	118.75	65.4	66.36
2015	17.5	77.41	118.88	75.64	74.33
2016	23.75	85.45	124	90.48	86.66
2017	19.75	90.1	119.13	139.12	120.28

5.4.6　标准活动国际化指标发展趋势分析

从表 5-24 可以看出，中国标准活动国际化指标在 1977—2017 年，基本上呈上升趋势，以 2017 年为顶峰，但仍处于较低水平。

5.5　中国标准国际化程度指数测评

根据表 3-1 对一级指标的权重情况及上文 5.1~5.4 节对标准编制国际化、标准文本国际化、标准使用国际化和标准活动国际化四项一级指标计算指数值情况，统计出中国标准国际化程度指数，见表 5-25。

从表 5-25 和图 5-3 可以看出，1977—2017 年间，中国标准国际化从零起开始发展，到目前已经有很大改观，但仍尚处于较低水平，主要特点总结如下：

（1）中国标准编制从 2005 年开始呈现国际化趋势，起步较晚，国际化程度较低，但正在稳步发展。

表 5-25　　1977—2017 年中国标准国际化测评结果统计

年份	标准编制国际化（10%）	标准文本国际化（10%）	标准使用国际化（40%）	标准活动国际化（40%）	指数值
1977	0.5	0.05	0	0.55	0.28
1978	0.5	0.00	0	1.51	0.65
1979	0.5	0.05	0	2.16	0.92
1980	0.5	0.75	0	3.07	1.35
1981	0.5	1.75	0	5.07	2.25
1982	0.5	4.80	0	7.98	3.72
1983	0.5	8.22	0	14.75	6.77
1984	0.5	10.03	0	18.4	8.41
1985	0.5	16.15	0	21.16	10.13
1986	0.5	24.15	0	20.87	10.81
1987	0.5	23.95	0	20.42	10.61
1988	0.5	37.58	0	21.88	12.56
1989	0.5	33.30	0	23.44	12.76
1990	0.5	8.53	0	24.8	10.82
1991	0.5	7.88	0	26.56	11.46
1992	0.5	11.92	0	27.3	12.16
1993	0.5	13.88	0	31.35	13.98
1994	0.5	11.54	0	32.29	14.12
1995	0.5	11.50	0	32.59	14.24
1996	0.5	17.06	0	33.26	15.06
1997	0.5	20.53	0	34.93	16.08
1998	0.5	21.26	0	36.04	16.59
1999	0.5	16.17	0	37.78	16.78
2000	0.5	14.95	0.625	39.37	17.54
2001	0.5	13.20	0.625	42.25	18.52
2002	0.5	18.83	0.625	42.73	19.27

续表 5-25

年份	标准编制国际化 （10%）	标准文本国际化 （10%）	标准使用国际化 （40%）	标准活动国际化 （40%）	指数值
2003	0.5	18.44	0.625	40.78	18.46
2004	0.5	8.08	0.625	47.16	19.97
2005	0.5	20.83	0.625	43.73	19.87
2006	2.85	25.14	0.625	47.01	21.85
2007	2.75	17.05	0.625	48.58	21.66
2008	3.6	55.41	0.625	50.07	26.18
2009	4	31.41	0.625	52.57	24.82
2010	2.75	28.13	0.625	58.57	26.77
2011	4	16.10	1.25	55.4	24.67
2012	3.8	18.20	2.5	64.56	29.02
2013	5.45	17.39	2.5	68.04	30.50
2014	4.5	12.41	2.5	66.36	29.24
2015	5.4	13.31	2.5	74.33	32.60
2016	5.5	11.57	2.5	86.66	37.37
2017	13.85	8.41	2.55	120.28	51.36

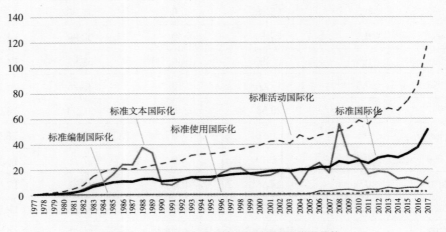

图 5-3　1977—2017 年中国标准国际化发展趋势

①国外利益相关方参与编制标准程度较低，体现在：尚无外方主导编制中国标准；2017年明确外商投资企业享有同等待遇参与中国标准化工作，且不包括境外专家个人或企业代表；在华外资企业参与中国标准编制数量还不高，截至2018年11月底，外商参与编制中国国家标准只有636项，在中国超过35 676项国家标准中，占比只有1.8%；外资机构代表国家参与国际标准编制没有任何统计信息。

②跨国合作编制标准为0，不管是国家间、城市间还是民间合作编制标准尚无记录。与美国ASTM标准编制相比，ASTM标准组专家来自世界各个国家，以个人身份参与标准起草、评审、修订，体现为个人意志，而非国家意志或机构意志。中国标准编制有明显主权标志，不包括境外个人专家、境外企业。另外，中国标准化专家的主要精力用于制定国内标准，与德国、英国、法国、日本等发达国家标准化专家主要投入国际标准编制当中有很大差距。具有主权意志的中国标准进入他国也存在主权问题，即便是最不发达国家也是阻力重重。标准为了贸易服务，而国际标准为了自由、公平的全球贸易服务。未来方向也着力于参与编制国际标准，而非国内标准。国内标准走出去，也不一定要以国家标准、行业标准、地方标准为主，而可以将国家意志较弱的团体标准投入国际社会当中，以其先进性广泛适用性赢得更多使用者。

（2）中国标准文本国际化体现出中国改革开放40年的巨大成就，与经济社会影响力一起发展，程度适中。

①中国标准英文版母语接近度为89.87%，体现在：中外标准英文版词句段等描述性特征偏差不大；中国标准叙事性较低、句法简洁性较低、指称衔接较低、连接性较低，导致更为古板，理解难度偏大，但单词具体性较高、深层衔接性较高，语言变换不够灵活，最终弱化标准文本易读性；中外标准在名词重叠、参数重叠、词干重叠的偏差均不具有统计学意义，但中国标准重复更多内容词，回指重叠等指称衔接更高，可能与中国文化相关所导致；中国标准的因果动词和因果小品词、意向性动词均低于国际标准，两者情境模式存在一定偏差；国际标准采用更多无施事被动语态，以致于被动语态和动词不定式远高于中国标准，中国标准则采用更多主动语态和动名词结构；中外标准在潜语义分析、词汇多样性、连接词、句法复杂性、词类指标方面不存在具有统计学意义上的差别；中国标准第二语言可读性高于国际标准，体现出中国标准更适合母

语为非英语人士阅读，原因是中国标准英文版主要为母语为非英语人士所翻译与撰写，措辞表达更切近母语为非英语人士的阅读习惯，但也体现出中国标准与国际标准的差距。

②标准文本国际化强度适中，现行国家标准中 34.70% 在不同程度上均采用国际标准或翻译为英文版。

③中国标准国际采标滞后严重，平均滞后 8.61 年。

④中国标准英文版不具备法律效力，不利于国际化传播。1988 年前后和 2008 年前后是中国标准文本国际化的两个高峰时期。由于改革开放给中国经济带来了巨大活力，让中国标准与国际接轨成为让中国产品走向全球的重要阶梯，因而大量采用国际标准来起草国内标准，1986—1989 年达到国际采标第一高峰。标准化是 2008 年北京奥运会筹办过程中的一项重要基础工作，是规范奥运会组织和管理工作的重要手段和技术支撑，标准化工作几乎覆盖了奥运会筹办的各个环节，2008—2009 年是国际采标第二高峰。另外，大量中国标准英文版在此时也开始翻译出版，让中国标准走出国门迈开了重要的一步。

（3）中国标准使用国际化程度最低，难度也最大。

①境外项目中国标准采用度极低，体现在：截至 2017 年底，仅有少部分中国在欠发达国家的援建项目采用中国标准；在没有中国资金参与的国外项目中，没有看到采用中国标准的报道；尚未有外国企业项目采用中国标准。

②中国标准国际互认度低，体现在：所签署互认协议均为两国等同采用国际标准的国内标准；依托中国自有标准所进行的认证认可和检验检疫目前尚未获得他国认可。

③被他国采用中国标准度不高，体现在：未有报道显示他国等同采用、修改采用、非等效采用中国标准，只有报道显示蒙古国参照采用贵州茅台酒国家标准制定本国标准的部分指标。

④中国标准海外示范度全无。当今世界国际标准、欧美标准盛行，中国标准起步较晚，从建国初照搬苏联标准体系到改革开放前面三十年积极致力于中国标准与国际接轨，再到当前开始中国标准"走出去"研究与初步实践，中国标准使用国际化尚处于初级阶段，中国标准在境外使用还有很长的道路要走。

（4）中国标准活动国际化程度高于其他维度，且近年来高速发展。

①国内外标准化工作合作度层次不高，体现在：1977—2017 年间，中国与

国外标准机构共同制定区域性标准数量为 0；组织实施标准化合作项目数量不大，中国仅与 55 个国家和地区签署标准化合作协议；跨国标准化交流互鉴机制发挥出的作用有限。

②国际组织任职数近年来发展较快，有比较突出的成绩，体现在：2013 年至今，中国均有代表担任国际标准化组织主席、副主席或秘书长职务，在国际标准最高层发出中国的声音；2008 年后，中国担任国际标准化组织技术机构负责人、秘书处数量急速上升，到 2017 年达到 67 个负责人、85 个秘书处之多，在诸多国家中已经排名第五，在国际标准中间层不断发展壮大，体现中国标准能力；到 2016 年，中国在册国际标准起草组专家超过 2000 人，加入 892 个国际标准化组织技术机构，将中国标准具体诉求落实到国际标准当中；2017 年底，国内有 380 个机构承担国际标准组织技术机构的国内技术对口单位工作。

③国际组织活动参与度较高，体现在：自 1978 年重新加入 ISO 以后，中国一直是三大国际标准化组织成员国，并长期担任理事国等重要职务；1999 年、2016 承办了 ISO 第 22 届、第 39 届大会，1990 年、2002 年承办了 IEC 第 54 届、第 66 届大会，2019 年承办 IEC 第 83 届大会；截至 2013 年底，中国加入国际标准化组织技术机构（TC/SC）数量便达到 889 个。

④积极参与国际标准制修订，体现在：截至 2016 年底，中国向 ISO、IEC 提出的国际标准提案数量达到 500 多项，主导国际标准发布 333 项；积极参与626 个 ISO 技术机构的活动，占所有技术机构的 89%。虽然中国参与国际标准化活动较多，但我们应该清楚认识，中国国际标准化活动质量不高，需要长期不断努力，将让更多国际标准体现出中国利益，为中国国际贸易服务。

（5）中国标准国际化程度从低到高稳步上升，形势喜人，但仍需积极探索。虽然中国标准国际化起步晚，但尚不迟。与中国改革开放近 40 年的伟大成就相比，中国标准国际化也紧跟改革开放步伐，为中国经济发展服务。在国家于 2013 年提出"一带一路"倡议之后，大量中国企业积极走出过门，走向世界。中国标准也随着"资金带技术，技术带标准"方式研究国际化之路。从二十世纪八十年代将"标准国际化"认定为让中国标准与国际接轨，到二十世纪九十年至二十一世纪前面十多年共计 20 多年时间里扩展到参加国际标准化活动、制定国际标准，直到当前发展为让中国标准走向全球，为中国企业国际化服务，占据国际贸易制高点和掌握国际贸易话语权，中国标准国际化走出了一条积极探索之路。

5.6 本章小结

本章通过从标准编制国际化、标准文本国际化、标准使用国际化和标准活动国际化四个维度梳理 1977—2017 年中国标准国际化发展史，对所有三级指标提供支撑史料与数据，构建出中国标准国际化指数，分析中国标准国际化趋势。本研究认为：①中国标准编制从 2005 年开始呈现国际化趋势，起步较晚，国际化程度较低，但正在稳步发展；②中国标准文本国际化体现出中国改革开放近 40 年的巨大成就，与经济社会影响力一起发展，程度适中；③中国标准使用国际化程度最低，难度也最大；④中国标准活动国际化程度高于其他维度，且近年来高速发展；⑤中国标准国际化程度从低到高稳步上升，形势喜人，但仍需积极探索。

6 | 中国标准国际化对外贸的影响评估

ISO 在其网站介绍中明确表示，国际标准目的是为了促进自由、公平的全球贸易。标准化是推动国际贸易发展的重要力量，受到世界各国的重视。杨丽娟（2012）研究发现，国家和国际标准数量的增加对中国对外贸易规模均产生正面作用。侯俊军、蒋晴（2015）认为，在互联网时代，标准问题已经是国际经济合作中不可回避的问题。

《2005 年世界贸易报告》明确指出标准在为消费者提供知情信息、保护环境以及商品服务兼容方面具有不可替代的作用（WTO，2005）。德国、英国、澳大利亚、法国、日本等发达国家都不同程度地对标准经济效益评价方法进行了研究，评价标准化活动的前期投入与后期产出的关系（付强等，2013）。2010 年 3 月，ISO 发布了标准经济效益评估方法，以"价值链"理论为基础评估标准的经济效益。于欣丽（2008）根据中国 1978—2007 年标准存量约 10% 的增长率，推算出中国标准对实际 GDP 增长的年度贡献率约为 0.79%。

一国的标准编制、文本语言、使用与活动等国际化程度如何影响本国国际贸易量尚无人研究，本研究从上述四个方面综合构成的标准国际化程度研究对进出口贸易的影响。

6.1 研究数据加工处理

附表 2 列出了国家统计局 1977—2017 年进出口额统计数据，表 5–25 提供了1977—2017 年中国标准国际化指数。本研究将使用 EViews 9.0 软件研究 1977—2017 年间中国标准国际化指数对进出口贸易的影响，将采用单位根检验、Johansen 协整检验与 Granger 因果关系检验。为了去除经济时间序列中可能存在的异方差以避免数据波动过大，本研究对 1977—2017 年间中国进出口总额、出口总额、进口总额和标准国际化指数进行取对数处理，分别用 lg TR、lg EX、lg IM 与 lg SI 表示，处理结果见附表 3。

6.2 研究数据单位根检验

本研究采用 EViews 9.0 软件中的单位根检验（unit root test）对相关变量进行平稳性检验，只有在变量二阶平稳条件下才能进行 Johansen 协整检验。

本研究通过 EViews 9.0 软件对 lg TR、lg EX、lg IM 与 lg SI 四个变量进行单位根检验（unit root test）。单位根检验类型为 ADF，进行一阶差分，检验公式中包括趋势（trend）与截距（intercept），滞后阶数（lag length）自动选择，最终得到如下单位根检验结果。

表 6-1　lg TR、lg EX、lg IM 与 lg SI 变量单位根检验结果

变量	检验形式	ADF 统计值	p 值	5% 临界值	结论
lg TR	（T，I，1）	−5.249 541	0.000 6	−3.529 758	否
lg EX	（T，I，1）	−5.920 084	0.000 1	−3.529 758	否
lg IM	（T，I，1）	−4.830 562	0.002 0	−3.529 758	否
lg SI	（T，I，1）	−4.114 128	0.012 8	−3.529 758	否

在表 6-1 中，单位根检验零假设为检验变量有一个单位根。检验形式（T，I，1）表示检验方程含趋势项（T）和截距项（I），滞后阶数为 1。加入滞后项是为了使残差项为白噪声。

由表 6-1 可知，在单位根检验中，lg TR、lg EX、lg IM 与 lg SI 四个变量的 ADF 统计值均小于 5% 临界值，即零假设"检验变量有一个单位根"的概率小于 5%。说明在 95% 以上情况下，lg TR、lg EX、lg IM 与 lg SI 这四个检验变量都没有单位根，数据为一阶平稳，可以进行 Johansen 协整检验。

6.3 研究数据 Johansen 协整检验

本研究采用 Johansen 迹检验法进行协整检验。由于 lg TR、lg EX、lg IM 与

lg SI 四个变量的 ADF 单元根检验方程均含截距项与趋势项，因此，在 Johansen 协整检验中，对于检验的确定性趋势假设中，均选择协整方程（CE）或检验向量自回归（VAR）含截距项与趋势项，最优滞后阶数为（11），临界值选择 0.05。

通过表 6–2 所示的 lg SI 与 lg TR 的 Johansen 协整检验结果，可以看出 lg SI 与 lg TR 在迹检验和最大特征值检验均显示在 0.05 水平有一个协整方程，如下：

表 6–2　lg SI 与 lg TR 的 Johansen 协整检验结果

无限制协整秩检验（迹检验法）

零假设下协整方程数量	特征值	迹统计量	0.05 临界值	概率
无 *	0.406 063	26.643 88	25.872 11	0.040 0
最多 1 个	0.149 723	6.325 551	12.517 98	0.420 1

迹检验显示在 0.05 水平有一个协整方程

* 表明在 0.05 水平拒绝原假设

**MacKinnon–Haug–Michelis（1999）p 值

标准化协整系数（括号内为标准差）

lg TR	lg SI	@TREND（78）
1.000 000	0.667 294	–0.078 891
	（0.250 31）	（0.007 52）

$$\lg TR = 0.667\,294 \times \lg SI + C \ （C \ 为常数） \tag{公式 6-3-1}$$

从表 6–2 与公式 6–3–1 可以看出，lg TR 与 lg SI 为正相关，也就是说标准国际化程度促进了进出口贸易，lg SI 对 lg TR 的半弹性为 0.667 294。

按照附表 3 中 lg EX、lg IM 与 lg SI 的数据，重复上述 Johansen 协整检验，分别研究 lg SI 与 lg EX、lg SI 与 lg IM 的协整关系。

通过表 6–3、表 6–4 所示 lg SI 与 lg EX、lg SI 与 lg IM 的 Johansen 协整检验结果，可以看出 lg SI 与 lg EX、lg SI 与 lg IM 在迹检验和最大特征值检验均显示在 0.05 水平有一个协整方程，如下：

$$\lg EX = 0.847\,624 \times \lg SI + C \ （C \ 为常数） \tag{公式 6-3-2}$$

$$\lg IM = 0.553\,455 \times \lg SI + C \ （C \ 为常数） \tag{公式 6-3-3}$$

从公式 6–3–2 可以看出，lg SI 与 lg EX 为正相关，即标准国际化程度促进了出口贸易，lg SI 对 lg EX 的半弹性为 0.847 624。从公式 6–3–3 可以看出，

表 6-3　lg SI 与 lg EX 的 Johansen 协整检验结果

无限制协整秩检验（迹检验法）

零假设下协整方程数量	特征值	迹统计量	0.05 临界值	概率
无 *	0.412 712	27.595 31	25.872 11	0.030 3
最多 1 个	0.160 822	6.837 983	12.517 98	0.361 7

迹检验显示在 0.05 水平有一个协整方程

* 表明在 0.05 水平拒绝原假设

**MacKinnon–Haug–Michelis（1999）p 值

标准化协整系数（括号内为标准差）

lg EX	lg SI	@TREND（78）
1.000 000	0.847 624	−0.078 554
	（0.304 44）	（0.009 00）

表 6-4　lg SI 与 lg IM 的 Johansen 协整检验结果

无限制协整秩检验（迹检验法）

零假设下协整方程数量	特征值	迹统计量	0.05 临界值	概率
无 *	0.413 598	27.227 08	25.872 11	0.033 7
最多 1 个	0.151 580	6.410 814	12.517 98	0.410 0

迹检验显示在 0.05 水平有一个协整方程

* 表明在 0.05 水平拒绝原假设

**MacKinnon–Haug–Michelis（1999）p 值

标准化协整系数（括号内为标准差）

lg IM	lg SI	@TREND（78）
1.000 000	0.553 455	−0.077 828
	（0.213 83）	（0.006 38）

lg SI 与 lg IM 为正相关，即标准国际化程度促进了进口贸易，lg SI 对 lg IM 的半弹性为 0.553 455。

6.4　研究数据误差修正模型

本研究根据 Granger 表述定理，基于协整检验结果，在 EViews 9.0 软件对 lg

SI 与 lg TR 之间的短期非均衡关系构建误差修正模型（ECM），得到回归方程结果见图 6-1。

Dependent Variable: D(INTR)
Method: Least Squares
Date: 01/01/19   Time: 22:21
Sample (adjusted): 1979 2017
Included observations: 39 after adjustments

Variable	Coefficient	Std. Error	t-Statistic	Prob.
C	0.057292	0.017633	3.249128	0.0026
D(INTR(-1))	0.221234	0.163084	1.356563	0.1839
D(INSI)	-0.097020	0.186225	-0.520984	0.6058
D(INSI(-1))	0.062920	0.152571	0.412397	0.6826
COTR	-0.037784	0.024314	-1.553983	0.1294

R-squared	0.157657	Mean dependent var	0.074197
Adjusted R-squared	0.058557	S.D. dependent var	0.064260
S.E. of regression	0.062350	Akaike info criterion	-2.592906
Sum squared resid	0.132175	Schwarz criterion	-2.379629
Log likelihood	55.56166	Hannan-Quinn criter.	-2.516384
F-statistic	1.590896	Durbin-Watson stat	2.092717
Prob(F-statistic)	0.199151		

Dependent Variable: COTR
Method: Least Squares
Date: 01/01/19   Time: 22:23
Sample: 1977 2017
Included observations: 41

Variable	Coefficient	Std. Error	t-Statistic	Prob.
C	-2.395722	1.10E-14	-2.17E+14	0.0000
INTR	1.000000	4.15E-15	2.41E+14	0.0000
INSI	-1.732532	8.25E-15	-2.10E+14	0.0000

R-squared	1.000000	Mean dependent var	-6.32E-16
Adjusted R-squared	1.000000	S.D. dependent var	0.476379
S.E. of regression	1.25E-14	Sum squared resid	5.93E-27
F-statistic	2.91E+28	Durbin-Watson stat	0.096496
Prob(F-statistic)	0.000000		

图 6-1　lg SI 与 lg TR 的误差修正模型检验结果

根据图 6-1 所示，lg TR 与 lg SI 的误差修正模型如下：

$D(\lg TR) = 0.057\,292 + 0.221\,234 \times D(\lg TR(-1)) - 0.097\,020 \times D(\lg SI)$
$+ 0.062\,920 \times D(\lg SI(-1)) - 0.037\,784 \times CO_{tr}$　　　　　（公式 6-4-1）

式中：

$D(\lg TR)$——变量的差分序列

lg TR（-1）——滞后阶数为 1 的进出口总额对数

lg SI（-1）——滞后阶数为 1 的标准国际化指数对数

CO_{tr}——误差修正项，其表达式为：

$$CO_{tr} = -2.395\ 722 + \lg TR - 1.732\ 532 \times \lg SI \qquad （公式 6-4-2）$$

即 $\lg TR = 2.395\ 722 + 1.732\ 532 \times \lg SI + CO_{tr}$

在公式 6-4-1 中，CO_{tr} 的系数为 -0.037 784<0，符合反向修正机制，显示 lg TR 与 lg SI 的协整关系调节当期进出口总额，效应为 -0.037 784，即 lg TR 与 lg SI 滞后一期的非均衡误差以 -0.037 784 从非均衡向均衡调整，lg SI 对 lg TR 的短期半弹性当期为 -0.097 020，滞后一期为 0.062 920。即在当期中，标准国际化程度对当期进出口总额的作用为负，需要滞后 1 年才能对进出口总额产生积极影响。公式 6-4-2 反映 lg SI 与 lg TR 的长期回归关系，即从长期来看，lg SI 对 lg TR 的影响为正，两者相关性为 1.732 532。

按照附表 3 的 lg SI、lg EX 与 lg IM 的数据，重复上述检验步骤，分别得到 lg SI 与 lg EX、lg SI 与 lg IM 的长短期误差修正模型。

$$D（\lg EX）= 0.068\ 025 + 0.135\ 605 \times D[\lg EX（-1）] - 0.204\ 333 \times D（\lg SI）$$
$$+ 0.109\ 356 \times D[\lg SI（-1）] - 0.036\ 492 \times CO_{ex} \qquad （公式 6-4-3）$$

$$CO_{ex} = -2.074\ 069 + \lg EX - 1.763\ 353 \times \lg SI \qquad （公式 6-4-4）$$

$$D（\lg IM）= 0.048\ 399 + 0.288\ 201 \times D[\lg IM（-1）] + 0.024\ 321 \times D（\lg SI）$$
$$-0.000\ 203 \times D[\lg SI（-1）] - 0.037\ 918 \times CO_{im} \qquad （公式 6-4-5）$$

$$CO_{im} = -2.114\ 044 + \lg IM - 1.699\ 957 \times \lg SI \qquad （公式 6-4-6）$$

通过公式 6-4-3 可以看出，CO_{ex} 的系数为 -0.036 492<0，符合反向修正机制，显示 lg EX 与 lg SI 的协整关系调节当期出口总额，效应为 -0.036 492，即 lg EX 与 lg SI 滞后一期的非均衡误差以 -0.036 492 从非均衡向均衡调整，lg SI 对 lg EX 的短期半弹性当期为 -0.204 333，滞后一期为 0.109 356。即在当期中，标准国际化程度对当期出口总额的作用为负，需要滞后 1 年才能对出口总额产生积极影响。公式 6-4-4 反映 lg SI 与 lg EX 的长期回归关系，即从长期来看，lg SI 对 lg EX 的影响为正，两者相关性为 1.763 353。

通过公式 6-4-5 可以看出，CO_{im} 的系数为 -0.037 918<0，符合反向修正机制，显示 lg IM 与 lg SI 的协整关系调节当期进口总额，效应为 -0.037 918，即 lg IM 与 lg SI 滞后一期的非均衡误差以 -0.037 918 从非均衡向均衡调整，lg SI

对 lg IM 的短期半弹性当期为 0.024 321，滞后一期为 −0.000 203。即在当期中，标准国际化程度对当期进口总额的作用为正，产生积极影响。公式 6-4-6 反映 lg SI 与 lg IM 的长期回归关系，即从长期来看，lg SI 对 lg IM 的影响为正，两者相关性为 1.699 957。

6.5　研究数据因果关系检验

协整检验结果表明，lg TR、lg EX、lg IM 分别与 lg SI 存在长期均衡关系，但是需要验证这种长期均衡关系是否构成因果：如果两个变量协整，则至少在一个方向上存在 Granger 原因。本研究通过 EViews 9.0 软件的 Granger 因果关系检验，将所含滞后阶数设置为 4，得到如下检验结果。

表 6-5　lg SI 与 lg TR、lg EX、lg IM 的 Granger 因果关系检验结果

零假设	观察数	F 统计量	概率
lg TR 不是 lg SI 的 Granger 原因	37	3.303 06	0.024 5
lg SI 不是 lg TR 的 Granger 原因		1.291 42	0.297 2
lg EX 不是 lg SI 的 Granger 原因	37	3.520 29	0.019 0
lg SI 不是 lg EX 的 Granger 原因		0.963 21	0.443 0
lg IM 不是 lg SI 的 Granger 原因	37	3.387 04	0.022 2
lg SI 不是 lg IM 的 Granger 原因		1.770 00	0.163 0

从表 6-5 可以看到，Granger 因果关系检验在 0.05 水平上拒绝了"lg TR 不是 lg SI 的 Granger 原因""lg EX 不是 lg SI 的 Granger 原因"和"lg IM 不是 lg SI 的 Granger 原因"的零假设，即 Granger 因果检验结果表明，lg TR、lg EX 与 lg IM 是 lg SI 的 Granger 原因成立，lg SI 是 lg TR、lg EX 与 lg IM 的 Granger 原因不成立。由于 lg TR 与 lg SI、lg EX 与 lg SI、lg IM 与 lg SI 至少存在一个方向上的 Granger 原因，上述 lg TR 与 lg SI、lg EX 与 lg SI、lg IM 与 lg SI 的协整关系成立。

6.6　结果与讨论

通过对中国 1977—2017 年标准国际化指数对进出口贸易额的影响分析，得

出如下结论：

（1）中国标准国际化程度影响其进出口。通过公式 6-4-1、6-4-3、6-4-5 可以观察到，从短期来看，当期标准国际化程度增加对进出口总额、出口总额的作用为负，表明当期标准国际化对进出口贸易影响的滞后性；当期标准国际化程度增加对进口总额的作用为正，表明当期标准国际化对进口贸易影响没有滞后性。

（2）中国标准国际化程度尚低，对进出口总额、出口总额、进口总额的促进作用有限。从表 6-5 可以看出，进出口总额、出口总额、进口总额变化是标准国际化指数变化的显著原因，但标准国际化指数变化不是进出口总额、出口总额、进口总额变化的显著原因。这说明中国标准国际化程度还不高，对进出口总额、出口总额、进口总额变化影响还不明显，未来我们需要通过进出口贸易来促进中国标准国际化水平逐步提升。

6.7　本章小结

本章通过对 1977—2017 年中国标准国际化程度与进出口总额、出口总额与进口总额进行实证研究，发现中国标准国际化程度的增加在当期造成中国进出口总额、出口总额的减少和进口额的增加，但从长期来看，则均促进了进出口贸易额。

7 | 结论与建议

本章总结本研究的主要发现，讨论本研究的结论在理论、方法论和指导标准国际化方面的贡献，指出现有研究的不足之处，并指明未来研究的方向。

7.1 研究发现

本研究有两大研究问题：一是中国标准国际化程度如何，二是中国标准国际化程度对中国进出口贸易是否有影响。本研究结果可以总结为如下。

7.1.1 标准国际化程度评价维度和指标合理有效

本研究提出标准国际化指数体系模型，通过德尔菲专家访谈法对 15 位专家进行三轮访谈，最终确定标准国际化指数包括标准编制国际化、标准文本国际化、标准使用国际化和标准活动国际化 4 个维度，14 项二级指标，51 项三级指标（观测指标），并对各级指标设置评估权重。其中，标准编制国际化整体权重为 10%，包括国外利益相关方参与编制标准、跨国合作编制标准两个二级指标，占比均为 50%；标准文本国际化整体权重为 10%，包括标准外文版母语接近度、标准文本国际化强度、标准文本国际化效度、标准文本国际化速度四个二级指标，通过多个公式进行测算算出一级指标值，不赋予权重；标准使用国际化整体权重为 40%，包括境外项目本国标准采用度、标准国际互认度、他国采用本国标准度、标准海外示范度四个二级指标；标准活动国际化整体权重为 40%，包括国内外标准化工作合作度、国际组织任职数、国际组织活动参与度、国际标准制修订参与度四个二级指标。在 14 项二级指标之下，细分为 51 项三级指标，涵盖了标准国际化的绝大多数方面。本研究通过对 51 项三级指标（观察指标）逐项赋分并依据权重进行计算，最终获得 1977—2017 年历年中国标准国际化程度。

7.1.2 中国标准国际化程度仍处于初级阶段

1977—2017 年中国标准国际化程度从低到稳步上升，形势喜人，但仍处于初级阶段。从二十世纪八九十年代将"标准国际化"认定为让中国标准与国际接轨，到二十一世纪前十多年时间里扩展到参加国际标准化活动、制定国际标准，直到当前发展为让中国标准走向全球，为中国企业国际化服务，占据国际贸易制高点和掌握国际贸易话语权，一直处于积极探索之中。然而，我们应当清醒地认识到，时至今日，中国标准国际化程度依然很低，仍然处于初级阶段当中。它体现为：国外利益相关方参与编制中国标准程度较低，跨国合作编制中国标准为 0；中国标准英文版母语接近度只有 89.87%，有着较为明显的第二语言可读性特征，现行国家标准中只有 34.70% 在不同程度上均采用国际标准或翻译为英文版，国际采标平均滞后 8.61 年，中国标准英文版不具备法律效力，仅以中文版为准；中国标准国际互认度低，被他国采用本国标准度不高，标准海外示范度全无，仅有少部分欠发达国家的援建项目采用中国标准；国内外标准化工作合作度层次不高，中国参与国际标准化活动量多但质不高。

7.1.3 中国标准编制国际化步伐和水平正稳步发展

中国标准编制从 2005 年开始呈现国际化趋势，起步较晚，国际化程度较低，但正在稳步发展。

（1）国外利益相关方参与编制标准程度较低，尚无外方主导编制中国标准，外方享有同等待遇参与中国标准化工作的范围较窄，在华外资企业参与中国标准编制数量不多，尚无外资机构代表国家参与国际标准编制。

（2）跨国合作编制标准为 0，不管是国家间、城市间还是民间合作编制标准尚无记录。但早在 2005 年，中国便积极寻求与国外标准化机构、全球知名企业签署标准化合作协议共同起草中国标准；且在 2017 年，通过政府文件方式明确在华注册的外商投资企业享有同等待遇参与中国标准化工作，迈开了可喜的一步。

7.1.4 中国标准英文版译文质量仍有提升空间

中国标准英文版母语接近度为 89.87%，尚存在一定差距，中国标准英文版译文质量有待进一步提高。

（1）中国标准叙事性较低、句法简洁性较低、指称衔接较低、连接性较低，导致更为古板，理解难度偏大，但单词具体性较高、深层衔接性较高，语言变换不够灵活，最终弱化标准文本易读性。

（2）中国标准重复更多内容词，回指重叠等指称衔接更高，与国际标准偏差较大，可能由中国文化导致语义重叠，行文不够简洁。

（3）中国标准的因果动词和因果小品词、意向性动词均低于国际标准，导致中外标准在情境模式上存在一定偏差，加重读者在理解标准文本时的心理负担。

（4）国际标准采用更多无施事被动语态，以致于被动语态和动词不定式远高于中国标准，中国标准则采用更多主动语态和动名词结构，存在较大差异，影响到文本可读性和流畅度。

（5）中外标准英文版在潜语义分析、词汇多样性、连接词、句法复杂性、词类指标等方面不具有统计学意义上的差别。

7.1.5　中国标准文本国际化程度适中

中国标准文本国际化体现出中国改革开放近 40 年的巨大成就，与经济社会影响力同步发展，国际化程度适中。

（1）中国标准英文版母语接近度为 89.87%，但第二语言可读性高于国际标准，更适合母语为非英语人士阅读，原因是中国标准英文版主要由非英语母语人士所翻译与撰写，措辞表达更切近非英语母语人士的阅读习惯，但也体现出中国标准与国际标准的差距。

（2）标准文本国际化强度适中，现行国家标准中 34.70% 在不同程度上采用国际标准或翻译为英文版。

（3）中国标准国际采标平均滞后 8.61 年。

（4）随着改革开放的深入和 2008 年北京奥运会的举办，中国充分认识到标准文本国际化的重要性，积极开展国际采标和标准翻译工作，在 1988 年前后和 2008 年前后出现两个高峰。

7.1.6　中国标准使用国际化程度需要加强

中国标准使用国际化程度最低，难度最大，但积极探索标准使用国际化的各种途径。

（1）境外项目中国标准采用度极低，截至 2017 年底，仅有少部分中国在欠发达国家的援建项目采用中国标准；没有中国资金参与的国外项目没有采用中国标准；尚未有外国企业项目采用中国标准。

（2）中国标准国际互认度低，所签署互认协议均为两国等同采用国际标准的国内标准，不包括中国自己独立编制的标准；依托中国自有标准所进行的认证认可和检验检疫目前尚未获得他国认可。

（3）他国采用中国标准度不高，只有蒙古国参照采用贵州茅台酒国家标准制定本国标准的部分指标。

（4）中国标准尚无海外示范基地。当今世界国际标准、欧美标准盛行，中国标准使用国际化起步较晚，目前正处于国外标准化现状调研、国际标准对标、国内标准国际化适用性研究与政策研究阶段，中国标准在境外广泛使用还有很长的路要走。

7.1.7　中国标准活动国际化数量多、层次不高

中国标准活动国际化程度高于其他维度，且近年来高速发展，但尚处于量多质不高阶段。

（1）中国国内外标准化工作合作度层次不高，尚未与国外标准机构共同制定区域性标准，仅与 55 个国家和地区签署标准化合作协议，跨国标准化交流互鉴机制发挥出的作用十分有限。

（2）中国近年来快速提升在国际标准化组织的存在感，2013 年至今均有代表担任国际标准化组织主席、副主席或秘书长职务；2017 年底，中国担任国际标准化组织 67 个技术机构负责人、85 个秘书处，在诸多国家中已经排名第五；截至 2016 年，中国在册国际标准起草组专家超过 2000 人，加入 892 个国际标准化组织技术机构；2017 年底，国内有 380 个机构承担国际标准组织技术机构的国内技术对口单位工作。

（3）中国积极参加国际标准化组织的各种活动，1999 年、2016 承办了 ISO 第 22 届、第 39 届大会，1990 年、2002 年承办了 IEC 第 54 届、第 66 届大会，2019 年承办 IEC 第 83 届大会。

（4）中国积极参与国际标准制修订工作，截至 2016 年底，中国向 ISO、

IEC 提出的国际标准提案数量达到 500 多项，主导国际标准发布 333 项；积极参与 626 个 ISO 技术机构的活动，占所有技术机构的 89%。

（5）虽然中国参与国际标准化活动较多，但我们应该清楚认识，中国国际标准化活动质量不高，尚处于低位，需要长期不断努力，让更多国际标准体现出中国利益，为中国国际贸易服务。

7.1.8　中国标准国际化程度对进出口贸易有促进作用

本研究通过对 1977—2017 年中国标准国际化程度与进出口总额、出口总额与进口总额进行实证研究，发现中国标准国际化程度对进出口贸易有促进作用。

（1）中国标准国际化程度影响其进出口，当期标准国际化程度增加对进出口总额、出口总额的作用为负，对进口总额的作用为正，表明当期标准国际化对出口贸易的影响滞后，对进口贸易的影响则没有滞后；从长期来看，中国标准国际化程度增加对进出口总额、进口总额和出口总额均具有促进作用。

（2）中国标准国际化程度还不高，对进出口总额、出口总额、进口总额变化影响有限。进出口总额、出口总额、进口总额变化是标准国际化指数变化的显著原因，但标准国际化指数变化不是进出口总额、出口总额、进口总额变化的显著原因。这说明中国标准国际化程度还不高，对进出口总额、出口总额、进口总额变化影响还不明显，未来我们需要通过进出口贸易来促进中国标准国际化水平逐步提升。

7.2　对策性建议

7.2.1　适时适度扩大中国标准编制国际化程度

（1）让更多国外利益相关方参与编制中国标准。当前中国标准编制有明显主权标志，不包括境外个人专家、境外企业，但可以让境外个人专家、境外企业代表参与甚至主导制定中国团体标准，通过中国团体标准境外输出实现为中国贸易服务的目的；通过试点工作逐步放开国家标准编制约束，让中国标准体现全球经济利益。

（2）扩大国家间、城市间、民间跨国合作编制标准，标准化项目合作和双边、多边交流等。以团体标准为出发点，率先实现民间团体跨国合作编制标准；再逐步扩大到城市间、国家间标准化合作项目。

7.2.2 进一步提升中国标准国际一致性

（1）通过信息技术手段进一步提升中国标准英文版母语接近度。通过等同采用国际标准的国内标准构建英汉双语标准化语料库，作为中外标准文本、标准化活动文本机器翻译（MT）、计算机辅助翻译（CAT）的优质语料，基于人工智能进行机器双语语料学习，进一步提升标准化翻译质量。

（2）加大中国标准与国际标准对标工作，对于能够达到国际标准要求的领域，进一步扩大国际标准一致性；对于当前技术指标尚低于国际标准要求的领域，加大科研力度，提升中国产品国际竞争力，尽快实现等同采用国际标准。

（3）缩短中国标准国际采标滞后时间，在新国际标准发布后，像欧美日等国家一样，以最快速度通过翻译法等同采用为本国标准，并进行宣贯与推广。

（4）研究中国标准同时发布中英版、具备同等法律效力的可能性与路径。标准是世界通用语言，用世界最为方便理解的方式发布中国标准，有助于中国标准在全世界的推广与使用。

7.2.3 标准使用国际化应提质增效

（1）强调中国标准与国际标准等同采用程度，宣传采用中国标准实质上就是使用国际标准的形象，便于中国企业承接境外项目，实现经济效益；便于中国标准与他国互认，如果两国均等同采用国际标准为国内标准，彼此除了语言呈现方式不一致，实质内容一致，实现"标准是世界通用语言"这一目标；便于依托中国标准所进行的认证认可和检验检疫获得他国认可。

（2）提高中国标准海外示范度，在他国项目上构建中国标准示范基地，设立本国标准办事处，展示中国标准与国际标准一致程度；如不一致之处，展示中国标准先进之处或与当地"气候水土"相符合之处。

7.2.4 中国标准活动国际化应从量变到质变

（1）改变当前中国标准化专家的主要精力用于制定国内标准的现状，培养一批专职标准化专家，将主要投入编制国际标准、承担标准化技术组织秘书处和负责人、进入国际标准化组织中央秘书处任职，有计划、有组织地担任国际标准化组织领导职务等。另外，专职标准化专家将有可能成为国际项目咨询顾问，适时推广中国标准与实践。

（2）提高中国代表在标准化技术机构话语权。由于国际标准化组织技术机构工作语言为英语与法语，而中国参与标准化技术机构专家大部分为国内相关领域技术专家，虽然具有一定外语技能，但在国际场合上由于不能用外语充分理解、不能充分表达相关技术内容，错失话语权。因此，应该让没有语言障碍的专家作为中国代表参与国际标准化活动，代表中国参与各种标准编制、标准化政策、标准化战略会议讨论等活动。

（3）向国际标准化组织提交的国际标准提案要重质量、重效果，而非重数量；将主要精力放在影响行业发展、影响国计民生的重大标准制修订，而非重要程度低、参与度低的标准与项目。

（4）承担国际标准化技术机构负责人、秘书处工作则重数量、重参与，而非计较些许财力物力人力投入。当前中国所承担的国际标准化技术机构负责人、秘书处大多为发达国家所自愿放弃，并非经过激烈竞争后所得。中国目前紧缺高质量国际标准化人才，需要更多、更大的平台来锻炼人员、培养人员。

7.2.5　设立标准国际化专门机构推动发展

时至今日，中国标准国际化程度依然很低，仍然处于初级阶段当中。但欧美国家标准化发展经验给我们启示，实现本国标准国际化，便可在国际社会经济中用标准规则为本国经济贸易服务，促进本国经济全球化发展。上文从标准编制、文本、使用和活动等具体领域提出了许多对策性建议，涉及中央、地方、社会团体、企业等多个利益相关方，在政府层面不仅仅涉及标准化主管部门，也涉及外事外交、经济商务、行业领域等诸多管理部门。建议在国务院领导下设立推进中国标准国际化的领导机构，像加入WTO、"一带一路"建设一样，全面统筹发展中国标准国际化这盘大棋，以促进中国经济贸易全球发展，全面参与全球治理，构建人类命运共同体。

7.3　研究贡献

本研究在理论、方法论以及指导标准国际化方面都有贡献，但也存在不足之处。

7.3.1　理论贡献

本研究有两点理论贡献：首次采用跨学科理论研究标准国际化，首次尝试从语言学视角研究标准国际化。

第一，首次采用跨学科理论研究标准国际化。采用语料库语言学、语言经济学、国际化理论、标准化理论、翻译标准理论、经济学与国际经济贸易等跨学科理论开展标准国际化指数研究。

第二，首次尝试从语言学视角研究标准国际化。丰富和发展了现有的语言经济学和标准化理论的理论体系。现有的语言经济学理论主要从语言的经济价值、语言与经济的相互关系等角度研究语言的价值。本研究从语言特征指标角度对标准国际化指数以及标准语言的经济价值进行研究，并考察标准国际化指数对进出口贸易的影响。现有标准化理论关注标准的技术内容，对标准文本国际一致性、标准化语言关注较少，并且迄今为止，也没有构建出科学合理、较为完整的标准国际化测量指标体系。本研究在前人研究基础上，尝试构建出一个包含标准编制国际化、标准文本国际化、标准使用国际化与标准活动国际化四维度的"标准国际化指数"，为考察各国标准国际化程度提供理论模型。

7.3.2　方法论贡献

本研究在方法论上有以下两点贡献：构建了一套测量标准国际化程度的方法，采用多种计算机软件结合方法证实标准国际化程度。

第一，构建了一套测量标准国际化程度的方法。通过文献查找，国内标准化研究尚未发现以大规模中外标准语料为数据，采用语言特征提取和大数据挖掘方法研究标准文本国际化指标。本研究采用指数测量方法，测量标准英文版母语接近度、标准文本国际化强度、标准文本国际化效度与标准文本国际化速度，并研究彼此的相互关系。

第二，采用多种计算机软件结合方法证实标准国际化程度。通过语料库软件提取中外标准英文版的语言特征等指标，通过大数据工具分析标准文本内容国际化程度、标准编制国际化程度、标准使用国际化程度与标准活动国际化程度，采用经济学的计量和统计软件，测量中国标准国际化程度对进出口贸易的影响，手段先进而科学。

7.3.3　实践贡献

本研究在实践层面具有四方面的价值：建设标准国际化智能翻译云平台，为中国标准英文版翻译实践提供范例，标准国际化指数可用于测评各行各业的标准国际化程度，中国标准国际化指数测评可以扩大到更多国家。

第一，标准国际化智能翻译云平台建设。以句子为单位建立千万级标准化英汉双语语料库，为标准化智能翻译云平台提供优质翻译记忆库语料，且该平台免费对外开放，可更好地为中外标准翻译服务，助力中国标准"走出去"。

第二，为中国标准英文版翻译实践提供范例。通过语料库工具进行收集与分析，研究中外标准英文版的语言特征，甄别其中语言差异，为更准确、更符合国际惯例方式地翻译中国标准外文版提供翻译指南，进而可作为中国技术文件翻译的指导文件，有助于"一带一路"倡议的实现。

第三，标准国际化指数可用于测评各行各业的标准国际化程度。测评各行各业的标准国际化指数，可了解各行各业的标准国际化程度，助力中国标准更好地走进"一带一路"国家，为社会经济发展做出应有贡献。

第四，中国标准国际化指数测评可以扩大到更多国家。实际评估中国标准国际化指数及其对进出口贸易的影响程度，为今后评估对外投资和其他领域提供了可操作性流程。标准国际化指数测量方法也可用于测量更多国家的标准国际化程度，与中国标准国际化程度进行对比研究，了解中国标准国际化在全球的真实水平。

7.4　研究局限性与未来研究方向

7.4.1　研究局限性

本研究在标准国际化评价指标、中外标准英文版样本、研究史料及研究方法上仍存在不足。

在标准国际化评价指标方面，本研究所选择的标准编制国际化、标准文本国际化、标准使用国际化和标准活动国际化四个维度，所设置观察指标只是从表面现象进行研究，没有深入分析其中推力、阻力、经济可行性等深层次原因。未来研究可将观察指标深入、扩大，让研究成果更具可行性和可信性。

在研究样本方面，本研究仅采用 76 项中国标准英文版和 100 项国际标准（ISO/IEC）英文版，共计 120 万单词的语料进行语言特征分析，不一定能够覆盖全部英文版标准的语言特征，而部分特征可能由于语料收录代表性不足，呈现出来可能存在一定偏差。未来可加大研究语言分析量级，进一步研究中外标准英文版语言特征。

在研究史料方面，由于所获得中国标准化发展史料有限，部分早期资料无据可查，为了进行研究而进行估算，可能存在偏差。未来研究将进一步丰富史料，更清晰地梳理中国标准国际化发展史，以便更精准地评估中国标准国际化发展脉络。

在研究方法方面，本研究主要采用 Coh–Metrix 软件工具测算 108 项语言特征指标，但 Coh–Metrix 软件工具处理速度慢，每次处理 50 万单词均历时 24 小时左右，且在实验期间多次重复实验，导致效率过低，而处理文本可能缺乏一部分代表性。今后可以采用处理速度更快、指标更多的一个或多个语言学处理工具进行研究，以便更有效、更全面地研究中外标准英文版语言特征。

7.4.2　未来研究方向

本研究通过中外标准语言特征对比分析和中国标准国际化史料梳理来考察中国标准国际化程度，所设置指标体系和单项观察指标权重偏向主观，根据研究整体设计得出的某些结论还有待商榷。因此，未来研究可以在宏观和微观两个层次上展开。宏观研究可以选取更大规模样本，选择不同类型的标准文本，从更详实史料来考察标准国际化程度。微观研究是指选择更多语言指标、更多方法、更科学权重与指标体系来进行研究。

附表 1　标准国际化指数指标初设权重

一级指标 （初设权重）	二级指标（初设权重）	三级指标（初设权重）
1.1 标准编制 国际化（10%）	1.1.1 国外利益相关方 参与编制标准（50%）	1.1.1.1　外方是否可以主导编制标准（10%）
		1.1.1.2　外方是否具有国内机构同等待遇（10%）
		1.1.1.3　外方参与编制标准所占比例（50%）
		1.1.1.4　外资机构代表国家参与国际标准化活动（30%）
	1.1.2 跨国合作编制标准 （50%）	1.1.2.1　民间跨国合作编制标准（25%）
		1.1.2.2　城市间跨国合作编制标准（25%）
		1.1.2.3　国家间跨国合作编制标准（50%）
1.2 标准使用 国际化（30%）	1.2.1 境外项目采用本国 标准（25%）	1.2.1.1　本国企业境外项目采用本国标准（50%）
		1.2.1.2　外国企业境外项目采用本国标准（50%）
	1.2.2 标准互认情况 （25%）	1.2.2.1　两国或多国标准互认协议签约（50%）
		1.2.2.2　按照本国标准进行检验被他国认可（50%）
	1.2.3 他国采用本国标准 情况（25%）	1.2.3.1　他国等同采用本国标准（25%）
		1.2.3.2　他国修改采用本国标准（25%）
		1.2.3.3　他国非等效采用（包括参照采用）本国标准 （25%）
		1.2.3.4　他国编制标准时明确参照采用本国标准（25%）
	1.2.4 本国标准海外应用 示范推广（25%）	1.2.4.1　由本国在在他国建立本国标准示范基地（25%）
		1.2.4.2　由他国在他国利用本国标准建立示范基地 （50%）
		1.2.4.3　在他国或国际设立本国标准办事处（25%）
1.3 标准活动 国际化（30%）	1.3.1 国内外标准化工作 的交流互鉴（10%）	1.3.1.1　与国外标准机构共同制定区域性标准（50%）
		1.3.1.2　组织实施标准化合作项目（25%）
		1.3.1.3　成立跨国标准化交流互鉴机制（25%）
	1.3.2 担任国际标准组织 有关职务和秘书处（10%）	1.3.2.1　担任国际标准组织中央管理机构的官员或委员 （30%）
		1.3.2.2　担任国际标准组织技术机构负责人（30%）
		1.3.2.3　承担国际标准组织技术机构秘书处工作（20%）
		1.3.2.4　担任工作组召集人或注册专家（10%）
		1.3.2.5　承担国际标准组织技术机构的国内技术对口单 位工作（10%）

续附表1

一级指标（初设权重）	二级指标（初设权重）	三级指标（初设权重）
1.3 标准活动国际化（30%）	1.3.3 参加国际标准组织活动（10%）	1.3.3.1 参加国际标准组织的国际会议（25%）
		1.3.3.2 承办国际标准组织的国际会议（50%）
		1.3.3.3 其他类型国际标准化活动（25%）
	1.3.4 参与国际标准制修订（70%）	1.3.4.1 提出国际标准新工作项目（40%）
		1.3.4.2 主导国际标准制修订工作（40%）
		1.3.4.3 参加国际标准制修订工作（20%）
1.4 标准文本国际化（30%）	1.4.1 标准外文版母语接近度（50%）	1.4.1.1 词长（5%）
		1.4.1.2 句长（5%）
		1.4.1.3 类形符比（5%）
		1.4.1.4 文本易读性（10%）
		1.4.1.5 指称衔接（10%）
		1.4.1.6 潜语义分析（10%）
		1.4.1.7 词汇多样性（10%）
		1.4.1.8 连词（5%）
		1.4.1.9 情境模式（10%）
		1.4.1.10 句法复杂度（5%）
		1.4.1.11 句法型式密度（5%）
		1.4.1.12 词汇信息（10%）
		1.4.1.13 迷雾指数（10%）
	1.4.2 标准文本国际化强度（20%）	1.4.2.1 等同采用（30%）
		1.4.2.2 等效采用（30%）
		1.4.2.3 修改采用（20%）
		1.4.2.4 非等效采用（包括参照采用）（10%）
		1.4.2.5 自有标准外文版翻译（10%）
	1.4.3 标准文本国际化效度（10%）	1.4.3.1 自有标准英文版是否具有母语版的效力（100%）
	1.4.4 标准文本国际化深度（10%）	1.4.4.1 标准英文版翻译比率（100%）
	1.4.5 标准文本国际化速度（10%）	1.4.5.1 采标标准滞后年数（50%）
		1.4.5.2 自有标准英文版发布滞后年数（50%）

附表 2　国家统计局 1977—2017 年进出口额统计数据

年份 year	进出口总额（亿元） TR	出口总额（亿元） EX	进口总额（亿元） IM
1977	272.50	139.70	132.80
1978	355.00	167.60	187.40
1979	454.60	211.70	242.90
1980	570.00	271.20	298.80
1981	735.30	367.60	367.70
1982	771.30	413.80	357.50
1983	860.10	438.30	421.80
1984	1 201.00	580.50	620.50
1985	2 066.70	808.90	1 257.80
1986	2 580.40	1 082.10	1 498.30
1987	3 084.20	1 470.00	1 614.20
1988	3 821.80	1 766.70	2 055.10
1989	4 155.90	1 956.00	2 199.90
1990	5 560.10	2 985.80	2 574.30
1991	7 225.80	3 827.10	3 398.70
1992	9 119.60	4 676.30	4 443.30
1993	11 271.00	5 284.80	5 986.20
1994	20 381.90	10 421.80	9 960.10
1995	23 499.90	12 451.80	11 048.10
1996	24 133.80	12 576.40	11 557.40
1997	26 967.20	15 160.70	11 806.50
1998	26 849.70	15 223.60	11 626.10
1999	29 896.30	16 159.80	13 736.50
2000	39 273.20	20 634.40	18 638.80

续附表 2

年份 year	进出口总额（亿元） TR	出口总额（亿元） EX	进口总额（亿元） IM
2001	42 183.60	22 024.40	20 159.20
2002	51 378.20	26 947.90	24 430.30
2003	70 483.50	36 287.90	34 195.60
2004	95 539.10	49 103.30	46 435.80
2005	116 921.80	62 648.10	54 273.70
2006	140 974.06	77 597.20	63 376.86
2007	166 863.70	93 563.60	73 300.10
2008	179 921.47	100 394.94	79 526.53
2009	150 648.06	82 029.69	68 618.37
2010	201 722.14	107 022.84	94 699.30
2011	236 401.95	123 240.56	113 161.39
2012	244 160.30	129 359.30	114 801.00
2013	258 168.90	137 131.40	121 037.50
2014	264 241.78	143 883.75	120 358.03
2015	245 502.93	141 166.83	104 336.10
2016	243 386.46	138 419.29	104 967.17
2017	277 923.00	153 320.58	124 602.42

附表3　1977—2017年进出口总额、出口总额、进口总额和标准国际化指数对数处理结果

年份 year	进出口总额 lg TR	出口总额 lg EX	进口总额 lg IM	国际标准化指数 lg SI
1977	2.435 367	2.145 196	2.123 198	−0.560 67
1978	2.550 228	2.224 274	2.272 77	−0.184 42
1979	2.657 629	2.325 721	2.385 428	−0.036 68
1980	2.755 875	2.433 29	2.475 381	0.131 194
1981	2.866 465	2.565 376	2.565 494	0.352 72
1982	2.887 223	2.616 79	2.553 276	0.570 746
1983	2.934 549	2.641 771	2.625 107	0.830 729
1984	3.079 543	2.763 802	2.792 742	0.924 945
1985	3.315 277	2.907 895	3.099 612	1.005 578
1986	3.411 687	3.034 267	3.175 599	1.033 936
1987	3.489 143	3.167 317	3.207 957	1.025 854
1988	3.582 268	3.247 163	3.312 833	1.098 977
1989	3.618 665	3.291 369	3.342 403	1.105 704
1990	3.745 083	3.475 061	3.410 659	1.034 359
1991	3.858 886	3.582 87	3.531 313	1.059 265
1992	3.959 976	3.669 902	3.647 706	1.084 996
1993	4.051 962	3.723 029	3.777 151	1.145 453
1994	4.309 245	4.017 943	3.998 264	1.149 841
1995	4.371 066	4.095 232	4.043 288	1.153 376
1996	4.382 626	4.099 556	4.062 86	1.177 829
1997	4.430 836	4.180 719	4.072 121	1.206 164
1998	4.428 939	4.182 517	4.065 434	1.219 887
1999	4.475 617	4.208 436	4.137 876	1.224 773
2000	4.594 096	4.314 592	4.270 418	1.244 094

续附表 3

年份 year	进出口总额 lg TR	出口总额 lg EX	进口总额 lg IM	国际标准化指数 lg SI
2001	4.625 144	4.342 904	4.304 473	1.272 773
2002	4.710 779	4.430 525	4.387 929	1.284 984
2003	4.848 087	4.559 762	4.533 97	1.266 145
2004	4.980 181	4.691 111	4.666 853	1.300 429
2005	5.067 895	4.796 908	4.734 589	1.298 297
2006	5.149 139	4.889 846	4.801 931	1.339 52
2007	5.222 362	4.971 107	4.865 105	1.335 692
2008	5.255 083	5.001 712	4.900 512	1.417 947
2009	5.177 964	4.913 971	4.836 44	1.394 785
2010	5.304 754	5.029 476	4.976 347	1.427 577
2011	5.373 651	5.090 754	5.053 698	1.392 172
2012	5.387 675	5.111 798	5.059 946	1.462 756
2013	5.411 904	5.137 137	5.082 92	1.484 299
2014	5.422 001	5.158 012	5.080 475	1.465 91
2015	5.390 057	5.149 733	5.018 435	1.513 259
2016	5.386 296	5.141 197	5.0210 53	1.572 537
2017	5.443 924	5.185 6	5.095 526	1.710 605

参考文献

［1］Alderson J. C.. Assessing Reading. Cambridge Language Assessment Series，2000.

［2］Al-Surmi M.. Authenticity and TV Shows: A Multidimensional Analysis Perspective. Tesol Quarterly，2012，46（4）：671-694.

［3］Atkins W. S..Dismantling Barriers：Technical Barriers to Trade. The Single Market Review Series，Subseries Ⅲ，Cogan Page，Earthscan，1998.

［4］Bakar A.，Sheikh A.& Ameer R.. Readability of Corporate Social Responsibility Communication in Malaysia. Corporate Social Responsibility and Environmental Management，2011，18（1）：50-60.

［5］Baker M.. Corpora in Translation Studies: An Overview and Some Suggestions for Future Research. Target，1995（2）：223-243.

［6］Biber D.. Variation Across Speech and Writing. Cambridge: Cambridge University Press，1998.

［7］Biber D.，Connor U. &Upton T.. Discourse on the Move: Using Corpus Analysis to Dscribe Discourse Structure. Amsterdam: John Benjamins，2007.

［8］Blind K.& Gauch S.. Trends in ICT Standards: The Relationship between European Standardisation Bodies and Standards Consortia. Telecommunications Policy，2008，32（8）：503-513.

［9］Blind K.. A Taxonomy of Standards in the Service Sector: Theoretical Discussion and Empirical Test. Service Industries Journal，2006，26（6）：397-420.

［10］Blind K.. An Economic Analysis of Standards Competition: The Example of the ISO ODF and OOXML Standards. Telecommunications Policy，2011，35（5）：373-381.

［11］Blind K.. The Economic of Standards: Theory, Evidence, Policy, Edward.Elgar, Cheltenham, 2004.

［12］Blind K.，Gauch S.. Research and Standardisation in Nanotechnology: Evidence from Germany. Journal of Technology Transfer，2009，34（6）：320-342.

［13］Blind K., Gauch S. & Hawkins R.. How Stakeholders View the Impacts of International ICT Standards. Telecommunications Policy, 2010, 34（4）：162–174.

［14］Boom A.. Asymmetric International Minimum Quality Standards and Vertical Differentiation. Journal of Industrial Economics, 1995（43）：101–119.

［15］Cain K. &Nash H. M.. The Influence of Connectives on Young Readers' Processing and Comprehension of Text. Journal of Educational Psychology, 2011, 103（2）：429–441.

［16］Casella, Alessandra.. Product Standards and International Trade – Harmonization through Private Coalitions. KYKLOS, 2001（53）：243–264.

［17］Chen M. X., Mattoo A.. Regionalism in Standards: Good or Bad for Trade? Canadian Journal of Economics, 2008（3）：838–863.

［18］Chen M. X., Tsunehiro O. & John S.W..Do Standards Matter for Export Success? World Bank Policy Research Working Paper, 2006：3809.

［19］Church J. & Gandal N.. Network Effects, Software Provision and Standardization. Journal of Industrial Economics, 1992, 40（1）：85–104.

［20］Clements M. T.. Direct VS Indirect Network Effeets: Standardization and Compatibility. Working Paper, Managerial Economics and Decision Sciences Department, Kellogg Graduate School of Management, Northwestern University, 2000.

［21］Courtis J.K..Readability of Annual Reports: Western Versus Asian Evidence. Accounting, Auditing & Accountability Journal, 1995, 8（2）：4–17.

［22］Crismore A., Markkanen R., & Steffensen M.S.. Metadiscourse in Persuasive Writing: a Study of Texts Written by American and Finish University Students.Written Communication, 1993（39）：39–71.

［23］Crossley S.A., Louwerse M. M. & McCarthy P. M.. A Linguistic Analysis of Simplified and Authentic Texts. Modern Language Journal, 2007（1）：15–30.

［24］Crosthwaite P.. A Longitudinal Multidimensional Analysis of EAP Writing: Determining EAP Course Effectiveness. Journal of English for Academic Purposes, 2016, 22（6）：166–178.

［25］Das S. & Donnenfeld S.. Oligopolistic Competition and International Trade: Quantity and Quality Restrictions. Journal of International Economics, 1989, 27：299–318.

［26］Das S. & Donnenfeld S.. Trade Policy and its Impact on the Quality of Imports. Journal of International Economics, 1987（23）：77–95.

［27］David P.A. & Shaimen T.. Competition, Regulation, Standards and Trade Policy for Information and Telecommunication Services. Report on CEPR/GEI Workshop, London

Business School，July，1996.

[28] DIN.. German Institute for Standardization，Economic Benefits of Standardization，2000.

[29] Du B.C.，& Sen S.. Maximizing Business Returns to Corporate Social Responsibility（CSR）：The Role of CSR Communication. International Journal of Management，2010，10.

[30] DuBay W. H.. The Principles of Readability. Online Submission，2004.

[31] Duran N.D.，McCarthy P.M.，Graesser A. C. & McNamara D. S.. Using Temporal Cohesion to Predict Temporal Coherence in Narrative and Expository Texts. Behavior Research Methods，2007（2）：212–223.

[32] Economides N.& White L.J.. Networks and Compatibility: Implications for Antitrust. European Economic Review，1994，38：651–662.

[33] Farewell S.，Fisher I. & Daily C.. The Lexical Footprint of Sustainability Reports: A Pilot Study of Readability. American Accounting Association Annual Meeting and Conference on Teaching and Learning in Accounting，2014.

[34] Farrell J. & Saloner G.. Installed Base and Compatibility：Innovation，Product Preannouncement and Predation. American Economic Review，1986，76：940–955.

[35] Farrell J. & Saloner G.. Standardization，Compatibility and Innovation. Rand Journal of Economics，1985，16：70–83.

[36] Fifka M.S.. Corporate Responsibility Reporting and its Determinants in Comparative Perspective–a Review of the Empirical Literature and a Meta–analysis. Business Strategy and the Environment，2013，22（1）：1–35.

[37] Fisher R. & Serra P.. Standards and Protection. Journal of International Economics，2000，52（2）.

[38] Graesser A.C.，& McNamara D. S.. Computational Analyses of Multilevel Discourse Comprehension. Topics in Cognitive Science，2011，（3）：371–398.

[39] Graesser A. C.，McNamara D. S. & Louwerse M. M.. What do Readers Need to Learn in Order to Process Coherence Relations in Narrative and Expository Text. In A.P. Sweet and C.E. Snow（Eds.），Rethinking Reading Comprehension. New York：Guilford Publications，2003.

[40] Graesser A. C.，Singer M. & Trabasso T.. Constructing Inferences During Narrative Text Comprehension. Psychological Review，1994，（101）：371–395.

[41] Grin F.. Economic Approaches to Language and Language Planning. International Journal of Sociology of Language，1996，121（1）：1–16.

[42] Halliday M. A. K. & Hasan R.. Cohesion in English. London：Longman，1976.

［43］Jakobs K.. Advanced Topics in Information Technology Standards and Standardization Research. Hershey: Idea Group Publishing, 2006.

［44］Jakobs K.. Information Communication Technology Standardization for E-business Sectors, Integrating Supply and Demand Factors. Hershey: Idea Group Publishing, 2009.

［45］Jakobs K.. Standardization Research in Information Technology, New Perspectives. Hershey: Information Science Reference, 2008.

［46］Johanson J. &Vahlne J.. The Uppsala Internationalization Process Model Revisited: From Liability of Foreignness to Liability of Outsidership. Journal of International Business Studies, 2009（40）: 411-431.

［47］Johanson J., Weidersheim-Paul F.. The Internationalization of the Firm-Four Swedish Cases. Journal of Management Studies, 1975.

［48］Jones M.J. & Shoemaker P.A.. Accounting Narratives: a Review of Empirical Studies of Content and Readability. The Journal of Accounting Literature, 1994, 13: 142-84.

［49］Kang B. & Motohashi K.. Essential Intellectual Property Rights and Inventors' Involvement in Standardization. Research Policy, 2015, 44（2）: 483-492.

［50］Katz M.L. & Shapiro C.. Network Externalities, Competition and Combabilities. American Economic Review, 1985, （75）: 424-440.

［51］Kim D., Heejin L. & Jooyoung K.. Standards as a Driving Force that Influences Emerging Technological Trajectories in the Converging World of the Internet and Things: An Investigation of the M2M/IoT Patent Network. Research Policy, 2017, （46）: 1234-1254.

［52］Kintsch W.. Comprehension: A Paradigm for Cognition. Cambridge, UK: Cambridge University Press, 1998.

［53］Klare G. R.. Assessing Readability. Reading Research Quarterly, 1974, （10）: 62-102.

［54］Krissoff B.L.. Barriers to Trade in Global Apple Markets.Fruit and Tree Nuts Situation and Outlook, FTS-280, Econ. Res. Serv., U.S. Dept. Agr., August, 1997.

［55］Leibenstein H.. Bandwagon, Snob and Veblen Effects in the Theory of Consumers' Demand. Quarterly Journal of Economics, 1950, 64: 183-207.

［56］Li F.. Annual Report Readability, Current Earnings, and Earnings Persistence. Journal of Accounting and Economics, 2008, 45（2-3）: 221-247.

［57］Liebowitz S.J., Margolis S.E.. Network Externality: An Uncommon Tragedy. Journal of Economic Perspectives, 1994, （8）: 133-150.

［58］Linder S. B.. An Essay on Trade and Transformation.Uppsala: Wilksell, 1961.

[59] Longo B.. The Role of Metadiscourse in Persuasion. Technical Communication, 1994 (41) : 348–352.

[60] Lynn R.. Fluid Intelligence But not Vocabulary has Increased in Britain, 1979–2008. Intelligence, 2009, 37 (6) : 249–255.

[61] Mangelsdorf A.. The Role of Technical Standards for Trade Between China and the European Union. Technology Analysis & Strategic Management, 2011 (23) : 725–743.

[62] Marshall A.. Industry and Trade. MacMillian and Co. Limited, 1919: 198–201.

[63] McNamara D. S. & Kintsch W.. Learning From Text: Effects of Prior Knowledge and Text Coherence. Discourse Processes, 1996 (22) : 247–287.

[64] McNamara D. S. & Magliano J.P.. Towards a Comprehensive Model of Comprehension. In B. Ross (Ed.) . The Psychology of Learning and Motivation. New York, NY, US: Elsevier Science, 2009, (51) : 297–384.

[65] McNamara D. S., Graesser A.C. &Louwerse M.M.. Sources of Text Difficulty: Across Genres and Grades. In J. P. Sabatini, E. Albro, & T. O'Reilly (Eds.), Measuring up: Advances in How We Assess Reading Ability. Plymouth, UK: Rowman & Littlefield Education, 2012: 89–116.

[66] Miller G.A., Beckwith R., Fellbaum C., Gross D. & Miller K. J..Introduction to WordNet: An on–line lexical database. Journal of Lexicography, 1990, (3) : 235–244.

[67] Moenius J.. Information Versus Product Adaptation: the Role of Standards in Trade. Social Science Electronic Publishing, 2004.

[68] OECD. Regulatory Reform and International Standardization. OECD Document: TD/TC/WP (98) 36/FINAL. 29–January, 1999.

[69] Orden D. & Romano E.. The Avocado Dispute and Other Technical Barriers to Agricultural Trade under NAFTA. Paper Presented to the Conference. NAFTA and Agriculture: Is the Experiment Work? San Antonio, TX, November, 1996.

[70] Otsuki T., Wilson J. S. & Sewadelf M.. Saving Two in a Billion: A Case Study to Quantify the Trade Effect of European Food Safety Standards on African Exports. World Bank Paper, Washington, DC, 2000.

[71] Paarburg P. & Lee J.. Import Restriction in the Presence of a Health Risk: An Illustration Using FMD. Amrican Journal of Agricultural Economics, 1998, 80 (1) .

[72] Peters A., Koechlin L. Forster T. & Zinkernagel G. F.. Non–State Actors as Standard Setters. Cambridge: Cambridge University Press, 2009.

［73］Rohlfs J.. A Theory of Interdependent Demand for a Communications Service. Bell Journal of Economics, 1974, 5（1）: 16–37.

［74］Ronnen U.. Minimum Quality Standard, Fixed Costs, and Competition.The Rand Journal of Economics, 1991（22）: 490–504.

［75］Sanders T. J. M. & Noordman L. G. M.. The Role of Coherence Relations and Their Linguistic Markers in Text Processing. Discourse Processes, 2000（29）: 37–60.

［76］Schoechle T.. Standardization and Digital Enclosure: The Privatization of Standards, Knowledge, and Policy in the Age of Global Information Technology. Hershey: Information Science Reference, 2009.

［77］Shepherd B. & Wilson N. L. W.. Product Standards and Developing Country Agricultural Exports: The Case of the European Union. Food Policy, 2013（42）: 1–10.

［78］Shi C.. The MATRICS Consensus Cognitive Battery（MCCB）: Co–norming and Standardization in China. Schizophrenia Research, 2015, 169（1）: 109–115.

［79］Smith M. & Taffler R.. Readability and Understandability: Different Measures of the Textual Complexity of Accounting Narrative. Accounting, Auditing & Accountability Journal, 1992, 5（4）: 84–98.

［80］Stephenson S.. Standards, Conformity Assessment and Developing Countries. World Bank Policy Research Paper, NO.1826, 1997.

［81］Stern J.P.. The Japanese Technology Infrastructure: Issues and Opportunities. in J. R. McIntyre（ed.）Japan's Technical Standards–Implications for Global Trade and Competitiveness, Westport, CT and London: Quorum Books, 1997.

［82］Still J.E. & Smith N. P.. Readability: A Measure of the Performance of the Communication or Corporate Function of Financial Reporting［J］. Accounting Review, 1971: 552–561.

［83］Swann G. M., Temple P. & Shurmer M.. Standards and Trade Performance: The British Experience. Economic Journal, 1996（106）: 1297–1313.

［84］Swann G. M. & Temple P.. BSI Standards and Trade Performance. BSI News, March, 1995.

［85］Tamura S.. A New Intellectual Property Metric for Standardization Activities. Technovation, 2014, 48（2）: 87–98.

［86］Tanabe K.. Globalisation and the Role of Standards. in J. R. McIntyre（ed.）Japan's Technical Standards – Implications for Global Trade and Competitiveness, Westport CT and London: Quorum Books, 1997.

［87］Teichmann H.. Linguistic Shortcomings in International Standards. International Conference on

Terminology, Standardization and Technology Transfer, 2006: 46–58.

［88］Templin M.. Certain Language Skills in Children: Their Development and Interrelationships. Minneapolis, MN: The University of Minnesota Press, 1957.

［89］Toglia M.P., & Battig W.R.. Handbook of Semantic Word Norms. New York: Lawrence Erlbaum, 1978.

［90］Trifkovi N.. Spillover Effects of International Standards: Working Conditions in the Vietnamese SMEs. World Development, 2017（97）: 79–101.

［91］Van de Kopple W. J.. Some Exploratory Discourse on Metadiscourse. College Composition and Communication, 1985（36）: 82–93.

［92］Van Dijk T. A., & Kintsch W.. Strategies of Discourse Comprehension. New York: Academic Press, 1983.

［93］Van Wessel R.. Toward Corporate IT Standardization Management, Frameworks and Solutions. Hershey: Information Science Reference, 2009.

［94］Weigle S.C. & Friginal E.. Linguistic Dimensions of Impromptu Test Essays Compared with Successful Student Disciplinary Writing: Effects of Language Background, Topic, and L2 Proficiency. Journal of English for Academic Purposes, 2015, 18（6）: 25–39.

［95］Williams R., Graham I., Jakobs K., Lyytinen K.. China and Global ICT Standardisation and Innovation. Technology Analysis & Strategic Management, 2011, 23（7）: 715–724.

［96］Wilson J. S.. The Post–Seattle Agenda of the WTO and Technical Barriers to Trade: Issues for the Developing Countries. World Bank, Washington, DC, 1999.

［97］WTO. World Trade Report: Exploring the Links Between Trade, Standards and the WTO. 2005, 4.

［98］Xiao R.. Multidimensional Analysis and the Study of World Englishes. World Englishes, 2009, 28（4）: 421–450.

［99］Zhan A. & Tan Z.A.. Standardisation and Innovation in China: TD–SCDMA Standard as a Case. International Journal of Technology Management, 2010, 51（2–4）: 453–468.

［100］Zwaan R.A. & Radvansky G.A.. Situation Models in Language Comprehension and Memory. Psychological Bulletin, 1998（123）: 162–185.

［101］安佰生.WTO 与国家标准化战略.北京: 中国商务出版社, 2005: 15–78.

［102］安洁.日本食品安全技术法规和标准现状研究.中国标准化, 2007（12）: 23–26.

［103］北京大学"一带一路"五通指数研究课题组."一带一路"沿线国家五通指数报告.北京: 经济日报出版社, 2017.

中国标准国际化研究

［104］曾繁振．国际化背景下中国多层次资本市场体系及其构建研究．博士论文，2009.

［105］柴华，刘怡林．"一带一路"倡议下工程建设标准国际化的现状分析与政策建议的探讨．工程建设标准化，2018（3）：54–56.

［106］程鉴冰．最低质量标准政府规制研究．中国工业经济，2008（2）：40–47.

［107］丁道勤．专利标准化的法律法规制研究：从专利至上主义到创新至上主义．北京：中国法制出版社，2017.

［108］丁瑶．浅谈中国标准外文版编译出版"走出去"工作．出版参考，2017（11）：32–34.

［109］段琼，姜太平．环境标准对国际贸易竞争力的影响——中国工业部门的实证分析．国际贸易问题，2002（12）：49–51.

［110］冯宗宪，柯大钢．开放经济条件下的国际贸易壁垒．北京：经济科学出版社，2000：477–488.

［111］付强，王益谊，王丽君，刘辉．基于 ISO 标准经济效益评估方法在中国开展的案例研究．标准科学，2013（11）：23–25.

［112］甘藏春，田世宏．中华人民共和国标准化法释义．北京：中国法制出版社，2017.

［113］高明华，万峰．中国上市公司企业家能力指数报告（2014）．北京：经济科学出版社，2014.

［114］关秀丽．中国经济国际化战略．北京：中国市场出版社，2011.

［115］桂林．基于计算机评估的 L1 和 L2 作文词汇水平对比研究．外语教学与研究，2010（6）：445–450.

［116］郭力生．标准化与国际贸易．中国标准化，2002（2）：4–5.

［117］郭伟，罗文斌，宋婕，曹彬．我国工程建设标准国际化的机遇与挑战［J］．工程建设标准化，2016（3）：52–54.

［118］国家标准化管理委员会．中国标准化年鉴 2016．北京：中国标准出版社，2016.

［119］国家标准化管理委员会．中国标准化年鉴 2017．北京：中国标准出版社，2017.

［120］国家标准局．中国标准化年鉴 1985．北京：中国标准出版社，1985.

［121］国家标准局．中国标准化年鉴 1986．北京：中国标准出版社，1986.

［122］国家标准局．中国标准化年鉴 1988．北京：中国标准出版社，1989.

［123］国家技术监督局．采用国际标准和国外先进标准管理办法．1993 年 12 月 13 日．来源：http://www.tobacco.gov.cn/html/27/2702/270201/69206_n.html.

［124］国家技术监督局．中国标准化年鉴 1990．北京：中国标准出版社，1990.

［125］国家技术监督局．中国标准化年鉴 1994．北京：中国标准出版社，1994.

［126］国家技术监督局．中国标准化年鉴 1995．北京：中国标准出版社，1995.

［127］国家旅游局.中国旅游标准化发展报告 2016.北京：中国旅游出版社，2017.

［128］国家质量监督检验检疫总局，国家标准化管理委员会.标准化工作指南 第1部分：标准化和相关活动的通用术语（GB/T 20000.1—2014，ISO/IEC Guide 2：2004，MOD）.北京：中国标准化出版社，2015.

［129］国家质量监督检验检疫总局.采用国际标准管理办法.2001年12月4日.来源：http：//www.aqsiq.gov.cn/xxgk_13386/jlgg_12538/zjl/20012002/200610/t2006 1027_239119.htm.

［130］何玮珊.中国电力标准国际化的发展动态.中国高科技，2017（5）：24-26.

［131］侯非，秦玉婷，张隋.养老服务业标准体系构建策略与运行机制分析.中国标准化，2013（2）：32-34.

［132］侯俊军，蒋晴.中国标准的输出与国际经济合作.国际经济合作，2015（5）：12-16.

［133］侯俊军，马喜燕.标准对中日双边贸易规模的影响研究.亚太经济，2009（6）：38-42.

［134］侯俊军.标准化与治理（第一辑）.长沙：湖南大学出版社，2016.

［135］侯俊军.标准化与中国对外贸易发展研究.博士论文，2009.

［136］华梦圆，王芬，刘伊生.基于层次分析法的我国工程建设技术标准国际化研究.科学技术与工程，2013（5）：4442-4444，4458.

［137］黄少安，张卫国，苏剑.语言经济学及其在中国的发展.经济学动态，2012（3）：41-46.

［138］江进林，许家金.基于语料库的商务英语语域特征多维分析.外语教学与研究，2015（2）：225-236.

［139］江进林.Coh-Metrix工具在外语教学与研究中的应用.中国外语，2016（5）：58-65.

［140］蒋继彪.中医国际化发展策略研究——基于国家距离视角分析.博士论文，2011.

［141］焦建国.石油化工工程建设的国际化路径——标准国际化与国际标准化.石油化工管理干部学院学报，2014，16（2）：1-5.

［142］焦云梅，张侃，李太平.我国乳品标准体系存在的问题与对策研究.中国标准化，2012（4）：69-73.

［143］金波.浅谈智慧景区标准化建设.中国标准化.2014（3）：96-99.

［144］金雪军.提高国际竞争力的技术标准体系战略研究.杭州：浙江大学出版社，2006.

［145］雷勋平.中国物流标准化现状、问题及对策研究.中国标准化，2007（10）：25-28.

［146］李博，张书琦，汪可.特高压交流输电标准国际化需求与 IEC 标准修订建议.电网技术，2014（5）：1156-1161.

［147］李春田.标准化概论（第四版）.北京：中国人民大学出版社，2005.

［148］李春田.标准化在市场经济发展中的作用——标准化与经济全球化.上海标准化.

2003（10）：25-30.

［149］李建国.人民币国际化制约因素及推进措施.博士论文，2014.

［150］李玫，赵益民.技术性贸易壁垒与我国技术法规体系的建设.北京：中国标准出版社，2007.

［151］李鹏，李柏文.旅游标准化战略研究.北京：中国旅游出版社，2014.

［152］李智.中央企业国际化报告2012.北京：中国经济出版社，2013.

［153］梁丽涛.发展中的标准化.北京：中国标准出版社，2013.

［154］梁茂成.学习者书面语语篇连贯性的研究.现代外语，2006（3）：284-292.

［155］瞭望新闻周刊.中国标准国际化要靠实力.瞭望新闻周刊，2005（44）：23.

［156］刘斌.我国企业知识产权风险管理标准研究.中国标准化，2013（4）：39-43.

［157］刘常庆.高等教育国际化规范与挑战——法律的视角.博士论文，2017.

［158］刘春卉，旻苏，汪滨，等.我国高铁标准国际化现状与对策研究.中国标准化，2015（6）：74-79.

［159］刘春卉，汪滨，旻苏，等.我国核电标准国际化现状与对策研究.标准科学，2015（5）：27-30.

［160］刘春青，薛学通.企业标准化与贸易.北京：中国计量出版社，2007.

［161］刘贤森，费本华.中国竹子标准国际化优势与发展.科技导报，2017（14）：80-84.

［162］刘伊生，华梦圆，叶美芳.我国工程建设技术标准国际化影响因素及机理研究.建设科技，2012（09）：79-81.

［163］柳成洋，左佩兰，冯卫.我国服务标准化的现状和发展趋势.中国标准化，2007（3）：17-19.

［164］柳成洋.服务标准化导论.北京：中国标准出版社，2009.

［165］卢有红.人民币国际化进程中我国货币政策调整研究.博士论文，2017.

［166］鲁文龙，陈宏民.网络外部性与我国第三代移动通讯标准竞争.管理工程学报，2004（4）：113-115.

［167］陆锡林.标准制定国际化的起点第一讲 GB/T1.1宣贯总体说明.电子标准化与质量，1994a（04）：23.

［168］陆锡林.标准制定国际化的起点（续二）第三讲 GB/T1.1的一般要素有关内容注释.电子标准化与质量，1994c（06）：20-23.

［169］陆锡林.标准制定国际化的起点（续六）第四讲 GB/T1.1的技术要素有关内容注释（下）.电子标准化与质量，1995d（04）：29-32.

［170］陆锡林.标准制定国际化的起点（续七）第五讲关于检验规则的补充说明.电子标准

化与质量，1995e（05）：27-30.

［171］陆锡林．标准制定国际化的起点（续三）第四讲 GB/T1.1 的技术要素有关内容注释
（上）．电子标准化与质量，1995a（01）：23-26.

［172］陆锡林．标准制定国际化的起点（续四）第四讲 GB/T1.1 的技术要素有关内容注释
（中）．电子标准化与质量，1995b（02）：24-27+35.

［173］陆锡林．标准制定国际化的起点（续完）第六讲应注意的若干问题．电子标准化与质
量，1995f（06）：21-34+36.

［174］陆锡林．标准制定国际化的起点（续五）第四讲 GB/T1.1 的技术要素有关内容注释
（中续）．电子标准化与质量，1995c（03）：23-26.

［175］陆锡林．标准制定国际化的起点（续一）第二讲 GB/T1.1 的概述要素有关内容注释．
电子标准化与质量，1994b（05）：20-21.

［176］吕长竑，周军．中西学者语篇立场表达对比研究——以经管类英文学术论文为例．西
南交通大学学报（社会科学版），2013，14（1）：28-36.

［177］马睿．完善技术标准体系建设　打造技术性贸易壁垒盾牌．中国标准化．2006（1）：
12-14.

［178］马伟平，蔡亮，孙健桃．参与 ISO 油气管道标准国际化策略研究．天然气与石油，
2013（4）：1-4.

［179］毛丰付．标准竞争与竞争政策．上海：上海三联书店，2007.

［180］蒙永业，宋凯．基于 CiteSpace 的全球标准化研究现状可视化分析（2006—2015）．中
国标准化，2016（10）：94-100.

［181］蒙永业，蔡郁．2006—2015 年中国标准化研究回顾．标准科学，2016（10）：17-21.

［182］孟庆元．我国电工产品标准国际化刻不容缓．电机技术，1982（04）：5-6.

［183］彭剑锋，王一，冯莹．标准化的偏执狂：金色拱门后的麦当劳．北京：中国人民大学
出版社，2017.

［184］钱春海，郑学信．网络外部性、专用性资产与网络市场竞争的经济学分析——以中国
移动产业为例．中国软科学，2003（9）：49-54.

［185］秦朝霞，顾琦一．写作话题熟悉度与国内习作者书面语语篇衔接手段运用——基于一
种自动测量方法的对比研究．西安外国语大学学报，2011（1）：95-98.

［186］曲阜师范大学运筹学研究所，物流科学研究所，青岛黄海学院物流研究所．中国农产
品物流标准化建设发展报告（2014 年）．北京：中国财富出版社，2015.

［187］邵洪波．中国民营企业国际化报告 2012．北京：中国经济出版社，2013.

［188］宋国建．论企业产品标准的管理．中国标准化，2014（8）：79-81.

［189］孙东升 . 技术性贸易壁垒与农产品贸易 . 北京：中国农业科学技术出版社，2006.

［190］孙会娟 . 标准化对中国进出口贸易竞争优势的实证研究 . 企业技术开发，2016（01）：88-89.

［191］孙林 . 从"一带一路"战略探讨提高我国标准国际化水平 . 中国标准化，2016（10）：136-139.

［192］王辉耀，孙玉红，苗绿 . 中国企业全球化报告（2015）. 北京：社会科学文献出版社，2015.

［193］王立非，部寒 . 中美银行年报语篇结构关系自动描写及功能对比分析 . 中国外语，2016（4）：10-19.

［194］王立非，崔启亮，蒙永业 . 中国企业"走出去"语言服务蓝皮书 . 北京：对外经济贸易大学出版社，2016.

［195］王立非，李琳 . 国外语言经济学研究的现状分析——商务英语语言学研究之二 . 山东外语教学，2014（3）：8-13.

［196］王立非，李喆玥 . 中美金融报告语篇复杂度测量与对比研究 . 外国语文研究，2018（1）：92-100.

［197］王立非，蒙永业，崔莹 . 我国标准国际一致性程度对国际经济贸易影响实证研究 . 未发表，2019.

［198］王平 . 中国农产品贸易技术壁垒战略研究 . 北京：中国农业出版社，2004.

［199］王晓军 . 日本木材加工机械标准的国际化 . 木材加工机械，1991（12）：28-29+20.

［200］王耀中，陈文娟 . 行业标准与中国机械行业进出口贸易——基于 1985—2005 年数据的协整分析和 Granger 因果检验 . 国际贸易问题，2009（3）：30-36.

［201］文岗，卢毅，伍慧 . 路桥施工企业实施标准国际化战略探讨 . 交通企业管理，2015（9）：1-3.

［202］吴林海 . 贸易与技术标准国际化 . 北京：经济管理出版社，2004.

［203］武常岐 . 中国企业国际化战略——案例研究 . 北京：北京大学出版社，2015.

［204］肖洋 . 西方科技霸权与中国标准国际化——工业革命 4.0 的视角 . 社会科学，2017（7）：57-65.

［205］徐光黎，倪光斌，顾湘生，赵新益 . 铁路标准国际化动态 . 铁道经济研究，2013（5）：1-5，17.

［206］徐强 . 中国高新技术产业和标准互促国际化问题研究 . 国际经贸探索，2007（4）：4-8.

［207］徐晓明 . 企业标准化培训教程 . 北京：石油工业出版社，2014.

［208］杨丽娟. 国家标准、国际标准与中国对外贸易发展. 亚太经济，2012（3）：48-52.

［209］叶华. 人民币国际化进程战略框架研究. 博士论文，2013.

［210］于欣丽. 标准化与经济增长——理论、实证与案例. 北京：中国标准出版社，2008.

［211］张芳. 新形势下我国食品安全标准管理制度的思考. 中国标准化，2012（3）：52-56.

［212］张海东. 技术性贸易壁垒与中国对外贸易. 北京：对外经济贸易大学出版社，2004.

［213］张平，马骁. 标准化与知识产权战略（第二版）. 北京：知识产权出版社，2005.

［214］张颖. 探索中国技术标准国际化之路. 中国国门时报，2005 年 05 月 27 日.

［215］张有光，杜万，张秀春，杨子强. 全球三大 RFID 标准体系比较分析. 中国标准化，2006（3）：61-63.

［216］赵朝义，冷民，薛海宁. 首都标准化：中关村科技园区实证研究. 北京：科学出版社，2011.

［217］赵厚麟. 加快实现国家标准国际化. 中国电信业，2006（4）：14-15.

［218］赵冉冉. 人民币国际化的作用、影响与路径. 博士论文，2013.

［219］赵英. 中国制造业技术标准与国际竞争力研究. 北京：经济管理出版社，2008.

［220］赵卓，何江. 我国循环经济标准化实践成效与存在的问题. 标准科学，2013（1）：21-25.

［221］郑寓，顾晓伟. 关于我国水利技术标准国际化的认识和思考. 中国水能及电气化，2015（2）：8-11.

［222］质检总局国家标准委. 参加国际标准化组织（ISO）和国际电工委员会（IEC）国际标准化活动管理办法〔2015 年第 36 号〕，2015 年 3 月 17 日. 来源：http：//www.aqsiq.gov.cn/xxgk_13386/jlgg_12538/zjgg/2015/201503/t20150331_435549.htm.

［223］中国标准化协会. 标准化科学技术学科发展报告 2011—2012. 北京：中国科学技术出版社，2012.

［224］中国标准化研究院. 当代中国标准化的口述历史. 北京：中国质检出版社 / 中国标准出版社，2014.

［225］中国标准化研究院. 2006 中国标准化发展研究报告. 北京：中国标准出版社，2006.

［226］中国标准化研究院. 2007 国际标准化发展研究报告. 北京：中国标准出版社，2007.

［227］中国标准化研究院. 2007 中国标准化发展研究报告. 北京：中国标准出版社，2007.

［228］中国标准化研究院. 2008 国际标准化发展研究报告. 北京：中国标准出版社，2009.

［229］中国标准化研究院. 2008 中国标准化发展研究报告. 北京：中国标准出版社，2009.

［230］中国标准化研究院. 2009 国际标准化发展研究报告. 北京：中国标准出版社，2010.

［231］中国标准化研究院. 2009 中国标准化发展研究报告. 北京：中国标准出版社，2010.

［232］中国标准化研究院 . 2010 国际标准化发展研究报告 . 北京：中国标准出版社，2011.

［233］中国标准化研究院 . 2011 中国标准化发展研究报告 . 北京：中国标准出版社，2012.

［234］中国标准化研究院 . 2013 中国标准化发展研究报告 . 北京：中国标准出版社，2014.

［235］中国标准化研究院 . 2014 国际标准化发展研究报告 . 北京：中国标准出版社，2015.

［236］中国标准化研究院 . 2015 中国标准化发展研究报告 . 北京：中国标准出版社，2017.

［237］中国标准化研究院 . 2016 国际标准化发展研究报告 . 北京：中国标准出版社，2018.

［238］中国标准化研究院 . 标准是这样炼成的：当代中国标准化的口述历史 . 北京：中国标准出版社，2014.

［239］中国电力企业联合会 . 中国电力标准化年度发展报告 2017. 北京：中国电力出版社，2017.

［240］中国电子技术标准化研究院，全国信息技术标准化技术委员会 . 信息技术标准化指南（2016）. 北京：电子工业出版社，2016.

［241］中国社会科学院国家法治指数研究中心 . 标准公开的现状与展望：以政府主导制定的标准为样本 . 北京：中国社会科学出版社，2017.

［242］中国中小企业经济发展指数课题组 . 中国中小企业经济发展指数研究报告 2005. 北京：科学出版社，2008.

［243］中华人民共和国标准化法 . 北京：法律出版社，2017.

［244］中华人民共和国标准化法释义 . 北京：中国法制出版社，2017.

［245］周华，王卉，严科杰 . 标准对贸易及福利影响的实证检验——基于价格楔方法以欧盟 RoHS 指令对上海市机电产业的影响为例 . 数量经济技术经济研究，2007（8）：100–108.

［246］周洁，梁小明，黄海 . 我国智慧社区服务标准体系构建探析 . 中国标准化，2013（11）：88–91.

［247］周鹏 . 标准化、网络效应以及企业组织的演进 . 大连：东北财经大学出版社，2005.

［248］朱梅，杨琦 . 我国铁路技术标准国际化措施研究 . 铁道技术监督，2012（06）：1–8.

［249］住房和城乡建设部标准定额司，住房和城乡建设部标准定额研究所 . 2008 中国工程建设标准化发展研究报告 . 北京：中国建筑工业出版社，2009.